U0092516

▷ 臆 病 ネ コ の 文 章 教 室 ◁

內向軟腳蝦的

超速行銷

哈佛、國際頂尖期刊實證，不見面、不打電話、不必拜託別人

簡單運用行為科學，只寫一句話也能不著痕跡改變人心

川上徹也——著　張嘉芬——譯

不是軟腳蝦不要看！

感謝你翻閱本書。

你是否曾因為「想說的話說不出口」而感到懊悔不已呢？

是否曾感受到別人對自己的「瞧不起」、「輕蔑」？

為服務各位「不敢表達意見的軟腳蝦」，本書要請膽小貓來傳授一些不必面對面表達意見，而是「用寫作能力來讓對方說『YES』」的方法。

「膽小貓是什麼東西啊？」或許有些人會這樣想。

「真的行得通嗎？」可能有人會這樣懷疑。

請放心，一定辦得到。

通常「語言」可分為「口語」和「書面語」。兩者最大的差異應該是「口語」會深受當事人的「個性」影響。

一段精彩的好話，如果說的人畏畏縮縮，就沒有說服力。相較之下，用書面語所寫出來的文章，絕大多數都是匿名；就算有署名，除非是家喻戶曉的名人，否則文章的說服力一概與作者個性無關。也就是說，讀者會只看文章內容來判斷。

不過，個性軟弱的各位讀者，想必在寫作時，也不會崇尚強硬的行文風格。

此外，「坑矇拐騙，以便隨心所欲地擺布他人」之類的邪惡方法，恐怕也不是各位在道德上可以容許的。

因此在本書當中，我們介紹的方法，不是把個人意見強加在他人身上，也不是「矇騙對方，操弄人心」的手段。而是最適合軟腳蝦的方法──**用文章潛移默化地改變對方的想法**。

若以伊索寓言裡的「北風與太陽」來比喻，就是用溫暖的陽光照耀，讓人脫下外套的「**太陽**」策略。

膽小貓會針對軟腳蝦的各種煩惱傳授一些技巧，讓各位懂得如何運用文章，順利使出「有效得分」的絕招。

本書中所介紹的技巧，多半是以「**社會心理學**」、「**行動經濟學**」、「**認知神經科學**」等行為科學領域的研究為基礎，並選出其中具科學根據的內容。

再者，除了知名度高、影響力舉足輕重的實驗之外，書中也會特別留意要盡可能提供最新知識給各位。

這些都是膽小貓為了克服自己的軟弱，所打造出來的一套「軟腳蝦專用的寫作方法」。

想必各位一定能把這些技巧，廣泛地應用在日常生活中各種需要溝通的場景。

請各位不妨想像一下自己學會這些技巧之後的模樣。不必強硬地主張自己的意見，就能引導對方點頭同意，**讓對方主動做出我們想要的選擇**，也就是培養出一股「以柔克剛」的力量。

以往各位覺得苦不堪言的「寫作」，現在會讓各位在不知不覺中越寫越開心，甚至可能成為你最有力的武器。

請各位務必把這一套「軟腳蝦專用的寫作方法」融入工作與日常生活之中，讓那些「**自我中心貓**」或「**高傲貓**」嚇得措手不及。

**其實也是隻軟弱膽小貓的
川上徹也**

※書中所介紹的學術論文與實驗內容，皆以易讀易懂為優先考量。部分論文的實驗設定較為複雜，本書為求簡明易懂，而將細節予以簡化，或僅翻譯內容大意。此外，書中所使用的「～效應」等名稱，部分為作者自行命名，敬請諒察。學者專家的所屬單位、頭銜等，原則上皆以撰寫論文時為準。

前　言

Chapter 2

推銷賣不出去的商品

▼ 軟腳蝦案例

Chapter 3

隨心所欲地驅策他人

▼ 軟腳蝦案例

Chapter 4

寫出能讓對方明白的文章

▼ 軟腳蝦案例

Chapter 5

不爭不吵，就能讓人改變意見

▼ 軟腳蝦案例

Chapter

1

不必一意孤行，
也能表達自己的主張

想催又不敢開口

軟腳蝦案例 1

明明已經宣布了文件的繳交期限，
卻有人總是不遵守。
我最討厭的工作就是催……

為「想催又不敢開口」的軟腳蝦
獻上一記絕招 ▶▶▶

運用「社會比較推力」
就能引導對方走向你要的方向

Hallsworth, M., List, J. A., Metcalfe, R. D., & Vlaev, I. (2017). The behavioralist as tax collector: Using natural field experiments to enhance tax compliance. *Journal of Public Economics*, 148, 14–31.

Martin, S. (2012). 98% of HBR readers love this article. *Harvard Business Review*.

所謂的「**推力**」(nudge)，是行為經濟學者理查‧塞勒 (Richard Thaler) 所提出的一個概念。「nudge」這個字原本在英文當中，是「用手肘輕推對方，以提醒對方注意或給予暗示」的意思。而在行為經濟學當中，則是用來表示「不必強硬主張，就能引導對方，讓對方察覺到還有更佳選項」的手法。

2008 年時，大批民眾拖欠稅款，讓英國政府大感頭痛。儘管國稅局已寄發催繳通知，但效果卻相當有限，滯納稅款僅追回了 57%。於是英國國稅局便找上了社會心理學家商量，並在催繳通知上加了一行字。各位猜猜結果如何？只不過是多加一行字，竟讓補繳率上升到了 86%。國稅局旋即將這一套做法推廣到全英各地，結果回收到的滯納稅款，竟比前一年多出了 56 億英鎊（約 2,130 億臺幣）。英國國稅局究竟在催繳通知上加了什麼字呢？請各位稍微思考一下——其實就是這句話：

「**大多數的英國國民都有納稅。**」

「什麼？就這麼簡單？我才不相信！」或許各位會這樣想。不過，這就是運用「推力」的技巧。人往往會把大多數人都在做的事視為「規範」，若不遵循這些規範，就會讓人感到很不自在。這種利用「大多數人所選擇的趨勢」來引導決定的方法，就是所謂的「社會比較推力」。在這個實驗當中，用的「社會比較推力」是「大多數人都已繳稅」，來讓尚未繳納的人覺得「我也得要趕快繳稅才行」。

後來，這項實驗交棒給直屬英國政府管轄的「行為洞察小組」 (The Behavioural Insights Team) 辦理，持續追蹤調查催繳單文字內容的細微更動，對補繳率會帶來什麼影響。結果證明，在「大多數的英國國民都有納稅」之外，再加上一句「你是個極端的少數派」來強調之後，效果更好。

膽小貓給軟腳蝦的建議

在職場上走跳，難免會碰到一些工作總是遲交的人。不過，催繳還真的是一件討人厭的苦差事！我很能體會這一點。所以在催促對方時，不妨試試這個「社會比較推力」的技巧。只要使出這一招，告訴對方「你是少數派」，軟腳蝦就不必弄得灰頭土臉，回收率應該也可望改善。建議各位可以在繳交期限的兩天前發個電子郵件，輕描淡寫地用這句話催促一下。想必大家一定會急忙交出該繳的資料。

「4 月 23 日，也就是訂於後天截止的文件，已有 95% 的同仁繳交，感謝各位的配合。尚未繳交的同仁，請加緊腳步，盡快繳交！」

想拜託又開不了口

軟腳蝦案例 2

非得要做一個麻煩的請求時，
總讓人覺得心情沉重。
有沒有什麼方法，
可以讓對方爽快地一口答應？

為「不擅拜託別人處理麻煩事」的軟腳蝦
獻上一記絕招 ▶▶▶

運用「便利貼效應」
就能讓對方爽快地答應

Hogan, K. (2015). The surprising persuasiveness of a sticky note. *Harvard Business Review*.

Garner, R. (2005). Post-it note persuasion: A sticky influence. *Journal of Consumer Psychology*, 15 (3), 230–237.

只是「一個小動作」，就能創造出極大的效果。山姆・休士頓州立大學 (Sam Houston State University) 的蘭迪・賈諾爾 (Randy Garner) 經實驗證明，當我們請人幫忙時，只要在便利貼上寫下感謝的話，就能看到很顯著的效果。這項實驗的內容，是賈諾爾用以下三種方式，請同校的教授協助填寫一份既無聊又麻煩的問卷，問卷的內容都一樣。

第①組　提供一張印有請求協助的說明，附上問卷。

第②組　在印有請求協助的說明右上角，親筆寫下「要向您借用一點時間，請您協助填寫這份問卷。謝謝您！」

第③組　提供一張印有請求協助的說明＋問卷，並貼上一張便利貼，上面寫下和②相同的內容。

究竟回收率會有多大的差異呢？答案是⋯⋯

① 36% 的教授繳回了問卷
② 48% 的教授繳回了問卷
③ 76% 的教授繳回了問卷

只是在便利貼上親筆寫下請求協助和感謝的話，問卷回收率竟有倍數以上的差異。在請求協助的說明文字旁親筆寫下同樣描述，回收率只成長約 10%，相形之下，便利貼的威力是不是很驚人呢？就只是貼上便利貼，簡單寫上一句話而已！**便利貼的威力真是驚人。**附帶一提，據說③的請求方式不僅回收率高，問卷繳回的速度也快，填答也較翔實。

會有如此令人驚豔的效果，主要有兩個因素：①便利貼很醒目。②便利貼上寫的是很個人化的訊息，讓教授們產生一種印象，覺得是「特別對我所做的請求」。在便利貼上寫幾句話再貼上，並不是太麻煩的事，但收到的人會因為感受到發送者的費心、用心，而受到打動。

膽小貓給軟腳蝦的建議

不敢強勢要求別人的軟腳蝦，最適合這一招！
有麻煩事要拜託別人幫忙時，只要寫一句：
「我知道會給您添麻煩，但還是拜託您幫幫
忙！」
讓對方感受到體貼和善意即可。如果這句話能
寫在便利貼上，那就更醒目、更能引人注意了。
要是用電子郵件溝通，在信末寫上「又及」
(P.S.)，或許也有同樣的效果。建議各位不妨從
今天起，就趕快找個機會試一試吧！

不放心，就把想到的內容全都寫進企劃書

軟腳蝦案例 3

我實在是很不放心，
想把所有可以強調的賣點
都塞進企劃書裡。
全都寫上去也無妨吧？

為「想在企劃裡塞滿各種內容」的軟腳蝦
獻上一記絕招 ▶▶▶

運用「三的魔法效應」
就能寫出一份引人入勝的企劃書

Shu, S. B., & Carlson, K. A. (2014). When three charms but four alarms: Identifying the optimal number of claims in persuasion settings. *Journal of Marketing*, 78 (1), 127–139.

當我們有很多重點想強調時，究竟該放幾個到企劃書裡？例如我們看政治人物的政見，也總是包山包海地什麼都寫。這樣效果真的好嗎？

加州大學洛杉磯分校 (University of California, Los Angeles) 的副教授蘇珊娜・舒 (Suzanne Shu) 曾做過一項實驗，調查最能讓生活者留下好印象的賣點數量是幾個。

她請受試者閱讀包括 「早餐穀片」、「餐廳」、「洗髮精」、「冰淇淋店」、「政治人物」等不同商品（人物）的六種廣告文宣，當中有些只有一個賣點，有些多達六個賣點。

以洗髮精廣告為例，含六個賣點的文宣大概會是「潔淨、強韌、健康、絲柔、閃閃發亮、髮量豐盈」；而只有一個賣點的文宣，則是只挑出一個來宣傳。究竟實驗結果如何呢？

實驗結果發現，在所有商品當中（包括政治人物！），含三個賣點的廣告，獲得最突出的正面肯定。說得更具體一點，其實在達到三個賣點為止，是每增加一個賣點，正向評價就隨之向上，但加到四個以上之後，評價卻反而開始下降。

賣點越多，看似對買方而言是又多了一些好處，然而，當業者提出的優點達四項以上時，買方的評價就會開始下降，或許是因為買方萌生疑心的緣故。換言之，就如蘇珊娜教授的論文題目所言，「三個賣點很吸引人，但四個賣點則會讓人提高警覺」 (three charms but four alarms)。

膽小貓給軟腳蝦的建議

我還以為賣點越多，越能給人好印象。人心還真是奇妙啊！對人類而言，「三」這個數字似乎有著難以抗拒的魔力。話說回來，列出三個賣點，其實就能呈現出簡單易懂的節奏。例如牛丼連鎖品牌吉野家的廣告詞「又好吃、又便宜、又快速」，就是最典型的例子。附帶一提，各位知道吉野家這三個特色的排列順序，會隨著時代而改變嗎？

～90 年代前半　　「又快速、又好吃、又便宜」

90 年代中期～　　「又好吃、又快速、又便宜」

00 年代中期～　　「又好吃、又便宜、又快速」

它反映了吉野家在每個時代重視的賣點順序。請各位軟腳蝦不妨也試著選出三個最想訴求的重點（或許還是會很擔心），並依優先順序排列。這樣一來，各位的企劃應該就會更容易通過。

有人不守規矩，我卻什麼都不敢說

軟腳蝦案例 4

我很苦惱，有人不守規矩，
我卻什麼都不敢說。
我試著貼過一些提醒的海報，
但一點用都沒有……

為「在有人不守規矩時，什麼都不敢說」的軟腳蝦
獻上一記絕招 ▶▶▶

運用「正向回饋法」
就能讓人確實遵守規則

Armellino, D., Trivedi, M., Law, I., Singh, N., Schilling, M. E., Hussain, E., & Farber, B. (2013). Replicating changes in hand hygiene in a surgical intensive care unit with remote video auditing and feedback. *American Journal of Infection Control*, 41 (10), 925–927.

Sharot, T. (2017). *The influential mind: What the brain reveals about our power to change others*. Henry Holt & Co. (《你的大腦決定你是誰：從腦科學、行為經濟學、心理學，了解影響與說服他人的關鍵因素》。塔莉・沙羅特／著。日文版：上原直子／譯，白揚社／出版。繁中版：劉復苓／譯，經濟新潮社／出版)

這幾年，日本出現了所謂的「打工族恐怖攻擊」這個新詞，意指員工把職場的商品拿來惡搞，還將過程拍成影片，並發布到社群網站上的作為。我們也常在新聞媒體上，看到這些行為導致企業在社群網站上引發爭議。說穿了，工廠和商家等營業場所，**想要求員工確實遵守工作規則，其實難度很高**。

在國外也一樣。以美國為例，醫院員工洗手（消毒）率偏低，過去曾是一大問題。這裡我們要介紹的，是美國紐約州的北岸大學附設醫院 (North Shore University Hospital)，為了讓員工落實「勤洗手，預防傳染病」，而投入高額預算所做的一項研究。

唐娜・阿梅利諾 (Donna Armellino) 博士團隊的這項研究，是在加護病房 (ICU) 進行。加護病房原本就在每個病室都設有洗手臺，還放置了凝膠狀的消毒劑，一旁也貼了「別忘了洗手！」等提醒，可是遵循率卻出奇地低。在實驗當中，團隊先在洗手臺附近架設了二十一部監視攝影機，並請了二十位監控員二十四小時輪班盯著監視螢幕。這些監視螢幕都不是隱藏式攝

影機，醫護人員等院內同仁都知道有攝影機在拍，但結果卻相當慘烈。從這一項為期四個月的調查中發現，醫院的洗手率竟不滿 10%。

於是阿梅利諾博士想出了另一個辦法：他們設法讓員工的行為，可得到立即性的回饋。說得更具體一點，就是在每間病室都裝設電子顯示看板，上面顯示「目前的洗手執行率」，也就是將數值視覺化。只要醫護等院內同仁洗手，數字就會上升；對於勵行洗手的人，還會顯示「你做得真好！」之類的正向鼓勵。啟動這項措施之後，竟翻轉了整個局面。在為期約四個月的調查當中，洗手執行率一口氣來到 81.6%。後來調查又持續了一年半，洗手執行率更達到了 87.9%。

為什麼這項措施的效果會如此顯著？因為每個人的正確行動，都能當場「看到成效」，還能獲得正向回饋。結果，這家醫院成功讓醫護養成了洗手的習慣，並將洗手執行率維持在高檔。

膽小貓給軟腳蝦的建議

什麼話都不敢開口說的軟腳蝦，若想讓大家遵守規矩，光是貼一些寫著提醒標語的海報，我認為是不夠的。與其如此，不如更聚焦在那些守規矩的人身上，讓他們看到一些正向的文字，例如「好棒！」、「做得真好！」、「果然厲害！」等等，想必一定會更有效。想讓孩子、學生守規矩時，概念應該也是大同小異。總之是一個可廣泛應用的技巧。

我想多推銷自己，卻不敢開口

軟腳蝦案例 5

跳槽面試時，
我很想多推銷自己，
但實在沒什麼過人的績效，
也沒什麼值得寫在履歷上的……
我該怎麼辦才好呢？

為「想再多推銷自己，卻不敢開口」的軟腳蝦
獻上一記絕招 ▶▶▶

運用「高估發展潛力法」
你的潛力就會獲得肯定

Tormala, Z. L., Jia, J. S., & Norton, M. I. (2012). The preference for potential. *Journal of Personality and Social Psychology*, 103 (4), 567–583.

史丹佛大學 (Stanford University) 的札卡里・托馬拉 (Zakary Tormala) 博士團隊，曾針對「人在評價他人時，重視的是『績效』還是『發展潛力』」進行調查。在研究當中，他們以「來應徵大企業高層」的設定，提出以下兩個人物（學歷等條件相同），請受試者預測他們在二～五年後的活躍程度。過程中當然沒有提供長相等任何外觀方面的資訊。

A 在相關業界有二年的實務經驗。

　「領導力達成率測驗」的成績為 92 分。

B 毫無相關業界的實務經驗。

　「領導力發展潛力測驗」的成績為 92 分。

究竟這兩個人在成為主管後的二～五年內，能有多活躍的表現？如果是你，會選哪一個人？一般來說，我想應該大家都會選有實務經驗的「A」才對。可是在這項研究當中，卻出現了完全相反的結果──肯定 B 的受試者占比較高。這表示雖然以經驗值而言，A 占有絕對優勢，但沒想到社會上有很多人對「發展潛力」的重視程度，更勝於「績效」。根據托馬拉博士團隊的

分析，會有這樣的現象，原因應該在於「過去的績效已是既成的事實，而發展潛力充滿了不確定性，所以更讓大家感到好奇」。看音樂人、演員和體育選手等例子，就不難明白這個道理——現在雖然還沒什麼成績，但只要有一些能讓人感受到「發展潛力」的要素，群眾就會深受吸引。

不過，有沒有足以作為「根據」的資訊，會大大地影響群眾的期待。在這項研究當中，也是因為有了「領導力發展潛力測驗」，所以受試者給 B 的評價才會那麼高。然而，這並不表示「經驗和績效都無所謂」。如果在研究當中，加入「你認為誰能立刻發揮長才」這個問題，想必 A 就會贏得較多肯定了。

膽小貓給軟腳蝦的建議

每個人都是從零績效開始起步的，所以在欠缺績效的階段，只要多強調自己的「發展潛力」就好——畢竟社會上還是不乏願意高度肯定「發展潛力」的人，不妨試著多把自己的發展潛力寫在履歷上。如果應徵有筆試，就寫下自己如果能爭取到該職缺，未來會有什麼樣的發展潛力，讓徵才單位看看。如此一來，就算以往沒有什麼工作績效可供參考，說不定企業還是會有興趣多認識各位喔。

什麼？這麼厚臉皮的事你不敢？既然如此，託人替你寫封推薦函如何？此時也同樣是請對方聚焦在各位的發展潛力來描述即可。這個概念，也可應用在商品或服務的推銷上，也就是請別人闡述各位的商品或服務有何發展潛力。

我希望對方牢記的事，對方卻忘得一乾二淨

軟腳蝦案例 6

希望對方千萬別忘記的約定，
對方卻輕易地忘得一乾二淨，
而我卻總是說不出重話……

為「想請對方牢記約定，卻被忘得一乾二淨」的軟腳蝦
獻上一記絕招 ▶▶▶

運用「忘卻悖論效應」
就能讓人遵守約定不忘記

Cimbalo, R. S., Measer, K. M., & Ferriter, K. A. (2003). Effects of directions to remember or to forget on the short-term recognition memory of simultaneously presented words. *Psychological Reports*, 92, 735–743.

Edwards, K., & Bryan, T. S. (1997). Judgmental biases produced by instructions to disregard: The (paradoxical) case of emotional information. *Personality and Social Psychology Bulletin*, 23, 849–864.

「希望對方千萬別忘記」的事情，真的會讓人想開口說聲「別忘了喔」。不過，德門學院 (Daemen College) 的心理學家理察・金巴隆 (Richard Cimbalo) 進行了一項關於記憶的實驗，證明反向寫法更有效。

金巴隆團隊請大學生記下六十個單字，對其中一半的學生施加壓力，說「絕對不可以忘記」。另一頭又對剩下那一半的學生說「忘了也沒關係」，要他們放輕鬆即可。究竟哪一組學生的成績會比較好呢？

沒想到，結果竟是聽到「忘了也沒關係」的那群學生，成績比另一組高出 4% 以上。換言之，真心希望對方記住的事，在口頭上可能要說「忘了也沒關係」，對方才會把事情放在心上。

再為各位介紹另外一個研究。布朗大學 (Brown University) 的加里・愛德華 (Kari Edwards) 博士團隊做了一項實驗：他們製作了一份虛構的「強盜殺人案審理記錄」，請大學生讀過之後，問他們「如果你是法官，你會做出什麼樣的判決？」記錄內容涉及殘忍的

犯罪描述,文字風格難免會變得比較激動。團隊讓受試學生當中的近半數,在沒有任何說明的情況下閱讀這份記錄;但對另一半的學生,則告訴他們「請忽略內文當中描寫得比較激動的部分」。後來這項實驗也同樣出現了不可思議的結果——被叮嚀要「忽略」的那一組,做出的判決比沒做任何說明組別更嚴厲許多。換句話說,聽到「請忽略比較激動的部分」,反而讓人「被激動的部分牽著走」。

從這兩項研究中,我們可以發現:交待主要內容前,先用「請忘了吧」、「可以忽略不管」、「這是無關緊要的題外話」等字句當緩衝,能讓人更有印象,或更容易受到這些緩衝話語的影響——這就是所謂的「忘卻悖論效應」。人類的心理還真是奇妙。話說回來,各位在學生時期,是否也不太記得老師講課的內容,卻對老師閒聊的話題印象深刻?人還真的會有這樣的傾向呢!

膽小貓給軟腳蝦的建議

要去叮嚀別人「請別忘記」，對軟腳蝦族群而言是一種很大的壓力。既然如此，不妨好好運用這個絕招——真心希望對方記住的事，不妨在電子郵件等往來文字的開頭，多加以下這些句子當緩衝：

「這件事忘了也無妨。」

「這件事不重要。」

對方應該就不會忘記了。不過話說回來，這個技巧其實各位馬上忘記也無妨啦。

總是不敢把話說得斬釘截鐵

軟腳蝦案例 7

我知道把話說得斬釘截鐵
應該會比較好，
但我總覺得凡事都有很多面向，
所以沒辦法斬釘截鐵地說出
「這個比較好」……

為「想把話說得斬釘截鐵，卻不敢明快表示意見」的軟腳蝦
獻上一記絕招 ▶▶▶

運用「模糊回饋效應」
就算沒有強勢地把話說死
也能贏得信任

Brecher, E. G., & Hantula, D. A. (2005). Equivocality and escalation: A replication and preliminary examination of frustration. *Journal of Applied Social Psychology*, 35 (12), 2606–2619.

Karmarkar, U. R., & Tormala, Z. L. (2010). Believe me, I have no idea what I'm talking about: The effects of source certainty on consumer involvement and persuasion. *Journal of Consumer Research*, 36 (6), 1033–1049.

請想像你現在要說服別人買東西或投資。滿懷自信、斬釘截鐵地說「這個商品絕對讚」、「絕對可以大賺一筆」，聽起來似乎比較有效，對吧？不過，根據紐澤西學院 (The College of New Jersey) 艾琳‧布瑞歇爾 (Ellyn Brecher) 博士團隊的研究，證明了事情其實不見得是這樣。

布瑞歇爾博士的團隊以「球鞋廣告預算投入」為案例，調查不同表達方式會對投資金額帶來什麼樣的影響。結果發現，「**廣告有時有效，有時無效，所以我們無法斬釘截鐵地保證一定會奏效**」這句模糊的表達，比斬釘截鐵地說「**這一波廣告一定會成功，所以我們要投入更多廣告預算**」，所爭取到的投資金額更多。尤其如果你是某方面的專家，那麼用「我沒有確切的把握」來表達，會比「斬釘截鐵地斷定」，更有機會贏得眾人的認同──證明這個論點的，是以下的這項研究：

加州大學聖地牙哥分校 (University of California, San Diego) 的烏瑪‧卡馬卡 (Uma Karmarkar) 副教授團隊，設定了一家虛構的餐廳，並讓受試者閱讀以下兩

種不同的評價，調查受試者對餐廳的印象如何。

①「我只吃過晚餐，但我可以很有自信地說，這家餐廳很棒。」
②「我只去過一次，不敢說得斬釘截鐵，不過以目前來說，我覺得它是一家很棒的餐廳。」

實驗團隊告訴受試者，這是知名美食評論家所寫的評論。結果發現，②對受試者的影響較大。換言之，專家不見得一定要滿懷自信地說話、寫文，才能加強說服力；用模糊的表達方式，反而比較有機會贏得共鳴。

膽小貓給軟腳蝦的建議

「凡事幾乎都是有好有壞，所以很難斬釘截鐵地論斷是非好壞……」軟腳蝦族群的這種心情，我非常能體會。可是，就如剛才的實驗結果所示，不確定的事，就直接坦白地說出口，或許更能贏得別人的信任——不過，這一招僅限於旁人很信任我們的時候使用。在「虛構的餐廳評論」實驗當中，如果告訴受試者「寫的人是沒沒無聞的部落客」，那麼缺乏自信的描述，反而會拉低眾人的評價。所以，如果軟腳蝦族群要使用這個技巧，建議各位先爭取到一定的信任之後，再發動「模糊回饋」策略。

約好的事老是被放鴿子

軟腳蝦案例 8

很多人明明預約了卻爽約，
讓我傷透了腦筋，
但我實在沒有勇氣指責客人……
有沒有什麼辦法
可以減少爽約呢？

為「面對爽約而傷透腦筋」的軟腳蝦
獻上一記絕招 ▶▶▶

運用「主動承諾效應」
就能減少爽約

Martin, S. J., Bassi, S., & Dunbar-Rees, R. (2012). Commitments, norms and custard creams: A social influence approach to reducing did not attends (DNAs). *Journal of the Royal Society of Medicine*, 105 (3), 101–104.

明明已經預約了，當事人卻沒現身──這樣的問題，在日本的醫療院所、餐廳、美容院等各行各業，都帶來了莫大的社會損失。

根據英國國民保健署 (National Health Service) 的推算，英國每年因為患者預約掛號後爽約所造成的損失金額，一年竟高達 8 億英鎊（約 303 億臺幣）。於是位在倫敦的工作影響力公司 (Influence at Work)，就由總監史提夫・馬丁 (Steve Martin) 和醫師等人共組研究團隊，從社會心理學的角度，和保健署共同進行幾個改善掛號爽約的實驗。

首先，他們推動的第一項嘗試，是在敲定預約日期時間的電話上，**請患者在掛斷電話前，再複誦一次預約內容**。光是這樣的小動作，就已經讓掛號爽約率改善了 3%。這個數字看來或許不多，但以整體損失金額換算下來，就相當於約 2,400 萬英鎊（約 9 億臺幣），可不是一筆小數目，況且花費的成本還是 0 元。

後來，他們又推出另一套做法，就是臨櫃預約掛號時，改由患者親自將下一次要約的日期和時間寫在掛號證上（以往都是由工作人員負責寫）。此舉效果更是出奇顯著，光和前六個月比較，掛號爽約減少了 18%，以整體損失金額換算下來，相當於約 1 億 4,400 萬英鎊（約 55 億臺幣）！而這一套措施所花的成本，也同樣是 0 元。

為什麼會有這種改變？其實和「承諾」（commitment）有關。所謂的「承諾」，是指「負起責任參與」的意思。換句話說，前面所介紹的實驗結果，是患者主動承諾遵守約定的結果。人對於自己主動承諾的事項（我會做到！我會遵守！），會盡可能地遵守，也就是具有所謂的「一致性原則」（the consistency principle）。

膽小貓給軟腳蝦的建議

如果各位軟腳蝦做的是透過電子郵件受理預約的工作，回信時請務必附上以下這句話：

「如需取消預約，煩請務必與我們聯絡。」

接著再設計一套機制，讓顧客必須回信承諾「我已了解」，才完成預約手續。網路預約也是一樣，例如在顧客輸入預約資訊後，在下一個畫面上出示

□如需取消預約，是否能與我們聯絡？

等敦促顧客做出承諾的字句。顧客必須點選同意，才能完成預約。

被拒絕過一次之後，就很難再重新振作起來

軟腳蝦案例 9

我已經拜託別人幫忙，
卻被拒絕了……。
被拒絕之後還要再接再厲，
這種事我絕對辦不到。
難道我只能放棄了嗎……

為「被拒絕過一次之後，就很難再重新振作起來」的軟腳蝦
獻上一記絕招 ▶▶

運用「反覆效應」
就能讓人同意你的請求

Renner, B. (2004). Biased reasoning: Adaptive responses to health risk feedback. *Personality and Social Psychology Bulletin*, 30 (3), 384–396.

Stephens, K. K., & Rains, S. A. (2011). Information and communication technology sequences and message repetition in interpersonal interaction. *Communication Research*, 38 (1), 101–122.

很多時候，我們在請求別人協助時，對方都不會一口就答應。然而，大多數人都會在被拒絕過後，便決定放棄。若能在被拒絕一次之後，還能不氣餒地再拜託，其實很有機會獲得首肯。

德國格來斯瓦德大學 (University of Greifswald) 的布麗塔‧倫納 (Britta Renner) 教授，針對約六百位中年男性做了一項實驗，以了解他們是否會相信假的健康檢查報告。

倫納教授先請受試者進行兩次健康檢查，在報告上隨意填上數值。不過，A 組受試者兩次健檢報告的數值都差不多，B 組受試者則是會收到兩份截然不同的報告數值。各位猜猜會怎麼樣？

A 組受試者大多認為「這次的檢查很可信」；反之，B 組受試者則大多認為「不太可信」。換句話說，再怎麼亂七八糟的數值，只要重複出現兩次，就會有很多人選擇相信、認同。

拜託一次不成的請求，**我其實會建議各位換個方法，
再試一次。**假如當面拜託被拒絕，那就改用電子郵件；
用電子郵件被拒絕，那就改打電話。

事實上， 德州大學奧斯汀分校 (University of Texas at
Austin) 的凱莉‧史蒂文生 (Kelly Stephens) 博士團隊，
就曾透過實驗證明：用不同方式再次請求，確實會提
高對方同意的機率。

實驗內容是找來一百四十八位大學生，拜託他們「參
加大學校方的求職輔導服務」。結果發現，「分兩次用
電子郵件拜託」的應允率，會比「面對面請求一次」
更高。

膽小貓給軟腳蝦的建議

很多軟腳蝦只要被拒絕過一次，就會馬上打退堂鼓。想必各位一定是覺得「都已經被拒絕一次，心裡很受傷了，我才不要再去被拒絕，再傷心一次呢！」各位的心情我很能體會。一次就算了，被拒絕兩次還能泰然自若的人，臉皮也太厚了吧？但是請各位想像一下：如果換成是我們自己拒絕一次，對方就打了退堂鼓，那我們會怎麼想呢？說不定人家正在等我們再去問一次、推一把。面對面或打電話被拒絕，不妨改用電子郵件或 LINE 再拜託一次。試試別的方法，有時成功機率就會變高。只要鼓起一點點勇氣，有時就能改變你我、改變結果。即使心裡覺得「真不想做……」，但稍微換個方法，有時就會讓我們不再那麼有壓力，願意再試一次。建議各位不妨試試這個方法。加油！

只寫得出一些平淡無奇的企劃書

軟腳蝦案例 10

不知道是不是我寫得太平淡無奇，
企劃老是過不了關……

為「只會把企劃書寫得平淡無奇」的軟腳蝦
獻上一記絕招 ▶▶▶

運用「目標漸近效應」
就能讓人順利接受你的請求

Jensen, J. D., King, A. J., & Carcioppolo, N. (2013). Driving toward a goal and the goal-gradient hypothesis: The impact of goal proximity on compliance rate, donation size, and fatigue. *Journal of Applied Social Psychology*, 43 (9), 1881–1895.

Langer, E. J., Blank, A., & Chanowitz, B. (1978). The mindlessness of ostensibly thoughtful action: The role of "placebic" information in interpersonal interaction. *Journal of Personality and Social Psychology*, 36 (6), 635–642.

向人提案或請求協助時，若有明確的「理由」，對方就比較容易說「YES」。以下兩項研究，雖然是以「口語」為主題，但也可應用在企劃書或請求的說明文字上。

猶他大學 (University of Utah) 溝通學系的雅各布‧詹森 (Jakob Jensen) 團隊的研究證明，明確地傳達「目的」或「目標」，能大大地改變旁人的反應。他們所進行的這項實驗，是請大學生去募款。結果發現，事前明確告知「我們要募 500 美元」等「目的」、「目標」的小組，可募集到更多的捐款。

這裡所謂的理由或目的，不一定要多數人認同。尤其當請求不是太大、太難時，這個趨勢更明顯。哈佛大學 (Harvard University) 的心理學家艾倫‧蘭格 (Ellen Langer)，曾於 1978 年進行過一項知名的實驗，證明了上述的論點正確──實驗內容是到眾人等著依序使用影印機的隊伍最前面，用以下三種方法請求協助：

①我只需要印五張，能不能讓我先印？(只描述要求)
②我需要印五張，但因為我很趕，能不能讓我先印？

　（提出明確的理由）

③因為我需要影印，印五張，能不能讓我先印？（提出
　不成理由的理由）

各位覺得這三套說詞的成功率各有多少呢?答案是……

① 60%　　② 94%　　③ 93%

令人吃驚的是，幾乎所有人都同意讓提出「因為我需
要影印」這種理由的人插隊先印（排隊等候的每一個
人應該都需要影印吧？），也就是說，請求他人協助
時，運用「因為××，所以能不能幫我○○」說明理
由，會比只說「能不能幫我○○」更有機會獲得同意。
不過，若將請求內容改為「讓我先印二十張」，結果則
會如以下所示：

① 24%　　② 42%　　③ 24%

換言之，當請求內容變大、變難時，「有無明確理由」
就變得格外重要了。

膽小貓給軟腳蝦的建議

軟腳蝦族群在撰寫「企劃書」或「請求的說明文字」時，可運用這個「目標漸近效應」。在「企劃書」或「請求的說明文字」上，最首要的，莫過於明確地寫出「目的」、「目標」或「理由」。理由可以不必太冠冕堂皇，例如請人寫稿時，就用「很想拜讀 K 先生您的大作」即可。這樣一個小動作，說不定就能讓對方爽快地答應喔！

Chapter

2

推銷賣不出去的商品

不敢大力強調「買嘛、買嘛」

軟腳蝦案例 11

其實很希望別人來買我的東西，
但我就是無法當面開口說
「買嘛、買嘛」……

為「不敢大力強調『買嘛』」的軟腳蝦
獻上一記絕招 ▶▶▶

運用「But You Are Free」(BYAF) 法
不必說「買嘛」，也能讓人買單

Carpenter, C. J. (2013). A meta-analysis of the effectiveness of the "but you are free" compliance-gaining technique. *Communication Studies*, 64, 6–17.

Guéguen, N., & Pascual, A. (2000). Evocation of freedom and compliance: The "but you are free of..." technique. *Current Research in Social Psychology*, 5, 264–270.

有一套好方法，可以讓各位不必當面拜託「買嘛、買嘛」，對方自然就會想找你買——這一招就是在介紹完商品之後，再多加一句話。請各位想一想，這句話究竟是什麼呢？

西伊利諾大學 (Western Illinois University) 的克里斯多福‧卡本特 (Christopher Carpenter) 針對四十二個心理學研究（受試者共兩萬兩千人）進行後設分析（meta-analysis，整合同一研究主題，並加以分析）的結果，發現只要在會議或談判最後，加上「一句話」，對方說「YES」同意的機率就會加倍。只是區區一句話，就會出現如此不同的結果，還真是令人詫異。其實他們加的，就是這句話：

「不過，你可以自由選擇 (But You Are Free)。」

說的內容可以不必完全一樣。例如用以下這些說法也無妨：

「不過，請你選自己喜歡的。」

「不過，最後還是由你決定。」
「不過，最後還是要請你自己做決定。」
「不過，你做什麼選擇都無妨。」
「不過，請你在方便的時候做決定。」

「But You Are Free」取其字首，簡稱為 BYAF 法。這一套方法，最早是在法國南布列塔尼大學 (Université de Bretagne Sud) 尼可拉斯‧蓋岡 (Nicolas Guéguen) 團隊的實驗當中獲得了證明。有一次，蓋岡團隊安排了一個在購物中心募款的實驗。照一般做法開口向人募捐的組別，成功募到款項的機率只有 10%；而多加一句「捐不捐款，都是您的自由」的組別，竟從 47.5% 的人手上募到了款項，也就是兩者的差距將近五倍。

為什麼人在得到「選擇的自由」之後，會變得這麼願意配合呢？這應該是出於人類的「自律性」（想「自己掌控個人行為」的特性）——畢竟人還是會想把決定權掌握在自己手上。

膽小貓給軟腳蝦的建議

「But You Are Free」聽起來真是美妙。既然只要多說這句話就好，那應該很適合平常不擅強勢要求別人的軟腳蝦族群啊！在業務推廣的電子郵件最後，如果只是加上這句話來強調一下，各位應該都能毫無罪惡感地寫出來吧？

附帶一提，它不僅可以用在推銷上，還是一個可以應用在各方面的技巧。例如：

「要不要做○○？如果您有興趣的話。」

「要不要一起去○○？如果您有時間的話。」

這樣發個電子郵件或 LINE，各位覺得怎麼樣？約別人結伴同行時，也都可以用喔！總而言之，使用上的要訣就是要告訴對方「你有選擇的自由＝決定權」，僅此而已。不過，要不要用這一招 BYAF 法，還是取決於各位軟腳蝦自己囉！

只要商品有弱點，就不敢推銷

軟腳蝦案例 12

我們的商品其實很不錯，
但還是有弱點。
要是我坦白說出口，
東西恐怕就賣不出去了……
真希望不必說謊，
就能把商品推銷出去……

為「商品有弱點就不敢推銷」的軟腳蝦
獻上一記絕招 ▶▶▶

運用「弱點串聯法」
「弱點」就能變「賣點」

Bohner, G., Einwiller, S., Erb, H.-P., & Siebler, F. (2003). When small means comfortable: Relations between product attributes in two-sided advertising. *Journal of Consumer Psychology*, 13 (4) 454–463.

若能巧妙地把缺點和優點串聯起來，所展現的魅力，會比只列出優點更勝一籌。德國比勒費爾德大學 (Bielefeld University) 的社會心理學家傑德‧博納 (Gerd Bohner) 教授團隊，針對某家餐廳擬訂了三個版本的廣告，並調查消費者對這些廣告的評價。

①氣氛讓人很放鬆的一家餐廳。（只訴求優點）
②氣氛讓人很放鬆，但沒有專用停車場。（列出優點，也列出與它不相關的缺點）
③空間稍嫌狹窄，但也因為這樣，讓人覺得很放鬆。（列出缺點，也列出另一個與它相關的優點）

結果發現，最受好評的廣告，是③這個「將缺點和優點串聯在一起的廣告」。換言之，缺點只要和優點串聯在一起，會比單純只訴求優點的正向效果更好。此時操作的要訣，在於要先承認那些明眼人都看得出來的缺點或弱項，再描述和它相關的「優點」或「長處」。接著，就請各位來想一想以下這個問題：

【問題】

1970 年代時，老牌番茄醬大廠 「亨氏」 (Heinz) 面臨了嚴重的經營危機——因為當時亨氏番茄醬用的是玻璃瓶，番茄醬很難倒出來，是一大弱點。而其他競爭對手又針對這個弱點猛攻，導致亨式的市占率驟降。不過，亨氏靠著一句廣告詞，成功地扭轉劣勢，轉危為安。請各位猜一猜，這句廣告詞是什麼？

【解答】

亨氏公司在廣告宣傳當中，大力主打「亨氏番茄醬美味的祕密，就在於它夠濃郁，所以才會這麼難從瓶子裡倒出來」這句廣告詞。

很高招吧？在亨式的這句廣告詞當中，可說是將產品最大的弱點，和它的優點串聯在一起，成功地讓消費者接受產品在使用上的不便。

膽小貓給軟腳蝦的建議

不論是什麼樣的商品，都會有好與壞，就像人都有優、缺點一樣。不過，我想軟腳蝦族群的朋友，多數應該都是很老實的人，會覺得「不想在推銷商品時隱瞞它的缺點」，我認為這一點非常值得肯定。

不過，就如這項研究結果所示，說明時把弱點和優點串聯在一起，有時會讓優點顯得更迷人。舉例來說，假如我們現在要推銷的商品，功能雖好，但尺寸比其他同業稍大，那麼各位不妨可以這樣說：

「我們公司的商品，體積會稍大一點，是因為我們把對顧客有益的功能，都盡量放在這裡面了。」

「體積大」說不定反而會成為一個賣點喔！

明明有推薦商品，卻不敢推薦

軟腳蝦案例 13

店裡推出了新菜色，
卻完全沒人點單，
該如何是好，
我完全沒有頭緒。
其實我連找人商量都不太拿手……

為「在餐廳工作，無法與人商量」的軟腳蝦
獻上一記絕招 ▶▶▶

運用「刺激感官詞」就能爭取到顧客點單

Elmer Wheeler. *Tested Sentences That Sell*.（《驗證過的銷售名句》。艾瑪‧惠勒／著。日文版：駒井進／譯，Pan Rolling／出版）

請各位先想一想以下這個問題：

【問題】

有一家開在紐約的博多餐館，原本店家將「明太子」譯為英文後，在菜單上寫出「cod roe」（鱈魚卵）這道菜名。沒想到不僅沒人點，還招來許多批評，說「別在菜單上放那麼噁心的東西！」後來老闆調整了菜名，再重新放到菜單上，竟吸引了大批顧客點單。請問老闆改了什麼菜名呢？

【解答】

老闆把菜名改成了「博多香辣魚子醬」。改完之後，立刻就有許多顧客點選這道菜，還大受紐約客歡迎，認為它「很適合用來搭配香檳」。

菜名的重點，在於能否點燃顧客想吃的慾望。「鱈魚卵」實在很難讓人燃起想吃的慾望。很多民眾對「吃」的態度其實很保守，不會輕易嘗試沒聽過的食材、口味和烹調方式。於是餐廳老闆想到了調整菜名這一招──用「魚子醬」這個名稱，除了能讓顧客知道這

是魚卵，還能增添「高級」的印象；而「香辣」這個詞彙，則是讓顧客可以想像餐點的味道；再加入「博多」這個地名，說明它的來歷。結果這個菜名裡，用的全是「刺激感官」[1]的詞彙，激起了顧客「想吃吃看」的情緒。

那麼，在餐廳之類的商家，要使用什麼樣的字句，才能算是「刺激感官的詞彙」，讓顧客「想吃吃看」的情緒升溫呢？要是能加入一些刺激「五感」的詞彙，顧客「想吃吃看」的機率就會上升，例如像是以下這五大類：

①味覺上的刺激感官詞
讓人聯想到滋味的詞彙。（例）「香辣」、「甜蜜」、「苦甜」、「微辣」、「酸甜」、「微苦」等。

1　原註：「刺激感官」(sizzle) 原本是指在煎牛排等食物時發出的「滋～滋～」聲，後來在商品方面，特指「能刺激人的感官，以撩撥食慾或購買慾的特色」。

②視覺上的刺激感官詞

讓人聯想到視覺印象的詞彙。（例）「色彩繽紛」、「三色」、「黃金」、「滿滿的」等。

③聽覺上的刺激感官詞

讓人聯想到烹調或品嘗聲響的詞彙。（例）「細火慢燉」、「文火慢熬」、「唰唰地切菜」、「滋滋」等。

④嗅覺上的刺激感官詞

讓人聯想到香氣或風味等刺激嗅覺的詞彙。（例）「高湯的香氣」、「鰹魚風味」、「芝麻風味濃郁」、「迷迭香風味」等。

⑤觸覺上的刺激感官詞

讓人聯想到品嘗餐點時口中感覺的詞彙。（例）「入口即化」、「絲滑柔順」、「濃郁」、「爽脆」、「酥脆」等。

其他像是「能呈現季節感的詞彙」或「地名」等，也都可以當作刺激感官詞來使用。

膽小貓給軟腳蝦的建議

推出新菜單卻不受歡迎時，不必把一切都認為是自己的問題。就像這裡所介紹的，用一些能刺激五感的詞彙，重新想個菜名，也是一招。如果餐點真的好吃，改名後點單率應該就會有起色。然而，過度使用刺激感官詞，恐將招致反效果，請各位務必留意。

總覺得商品賣不出去是自己的錯

軟腳蝦案例 14

拚了老命，
好不容易開發出了新商品，
卻完全賣不掉。
一定是我不適合這份工作……

為「動不動就懷疑自己資質」的軟腳蝦
獻上一記絕招 ▶▶▶

參考「風倍清」
就能讓賣不好的新商品暢銷

Charles Duhigg. *The power of habit: Why we do what we do in life and business.*（《為什麼我們這樣生活，那樣工作？》。查爾斯・杜希格／著。日文版：渡會圭子／譯，早川書房／出版。繁中版：鍾玉珏、許恬寧／譯，大塊文化／出版）

具備劃時代的卓越技術、備受期待的新商品，常出現叫好不叫座、完全賣不掉的窘況。不過，光是這樣就放棄，未免太操之過急——因為有時只要找到一個能抓住「顧客真正需求」的概念，並將這個概念化為明確的語言（廣告詞），商品就會突然暢銷。

1996 年時，美國的寶鹼 (P&G) 公司開發出了一項劃時代的新商品。起初是在商品問世的三年前，寶鹼的某位研究員是老菸槍，有一天，他在公司使用了某種化學藥劑做研究，沒想到下班回家後，太太竟說「你戒菸了？今天身上完全沒有菸味。」這件事成了商品開發的契機。

後來，寶鹼公司投入了龐大的研究經費，成功用這個企劃打造出了商品——只要用噴霧噴一下，就能消除大部分織品上的異味，而且還不會留下痕跡。這項商品後來被命名為「風倍清」(febreze)。

這項商品先在美國三個城市——鳳凰城 (Phoenix)、鹽湖城 (Salt Lake City) 和波夕 (Boise) 試賣，概念設定為

「消除惱人氣味的商品」。寶鹼還製作了兩部電視廣告，分別以因為「菸味」和「寵物異味」而大傷腦筋的女性為主角，表達「有風倍清就能解決這些煩惱」的訴求。另外在 DM 傳單和派樣方面，也同樣做得滴水不漏，更在超市的最佳陳列位——結帳區前做大位陳列。

正當寶鹼以為萬事俱備，只等銷售捷報之際，卻沒傳來好消息。不僅如此，風倍清上市後的銷售額竟與日俱減，慘遭滑鐵盧。

不過，這時風倍清的復仇記才正要揭開序幕。寶鹼調整了廣告詞之後，隨即點燃了風倍清的銷路。請各位想一想，寶鹼究竟改用了什麼廣告詞？

寶鹼為了調查產品銷路不佳的原因，特別請來了消費心理學家等各路專家，拜訪那些購買了風倍清的家庭主婦，進行多次訪談之後，發現購買的人也很少使用。就連養了九隻貓，家中臭氣薰天的人，也都沒發現自己其實很少使用。

這時，有一位家庭主婦分享了她的經驗：「打掃完家裡之後，噴一下風倍清，當作給自己的一個小獎勵」。寶鹼的行銷聽完這段話，才想到「或許這才是生活者最想要的」。於是風倍清的新概念——「不是在打掃前使用，而是在打掃後當作給自己的獎勵」便應運而生。

此時，風倍清才從一個含有香味成分，單純只是「除臭」的商品，脫胎換骨成「散發怡人香氣的小獎勵商品」。而電視廣告也改為女主角在整理妥貼的床舖、剛洗過的衣服上噴風倍清；廣告詞則由「消除惱人的氣味」，改成「讓生活中的氣味煥然一新」。

就這樣，風倍清在 1998 年重新上市後，隨即引爆熱銷，才推出兩個月，銷售額就翻倍成長。後來它也如各位所知，成為全球的暢銷商品。

這個案例，堪稱是在深入挖掘生活者洞察（insight，真心話），並將概念和廣告詞從「消除異味的商品」，調整為「香氣怡人，又能消除異味的商品」之後，才贏得的成功。

膽小貓給軟腳蝦的建議

各位正為了新商品賣不出去而大傷腦筋的軟腳蝦，是否已經找到了一點靈感呢？商品會賣不出去，想必都是有原因的，但原因不見得一定是商品品質的問題。所以，當商品賣不出去時，建議各位不妨再重新深入挖掘消費者洞察，或許只要更動一下溝通的字句（廣告詞），就可以不必調整商品，瞬間衝出驚人銷量。

只要有競爭對手，就完全不敢推銷

軟腳蝦案例 15

推銷自家商品時，
還要和競爭對手一較高下，
這種事我絕對辦不到……

為「不想和競爭對手正面對決」的軟腳蝦
獻上一記絕招 ▶▶▶

創造出「相對稀缺效應」
就能賣出你想賣的商品

Hamilton, R., Hong, J., & Chernev, A. (2007). Perceptual focus effects in choice. *Journal of Consumer Research*, 34 (2), 187–199.

有時競爭者之間，會銷售大同小異的商品，訴求類似的特色。記得以前我在某家電製造商任職時，第一次面談，對方就說現在公司的電視機，是以「鮮豔的黑色」為最大賣點。可是，回程路上我到家電量販店一看，發現所有電視機廠商的 POP 廣告上，都是以「鮮豔的黑色」為最大賣點，並強力訴求。迄今我都還記得當時的錯愕。既然如此，不管我再怎麼大力宣傳自家商品，看在消費者眼中，豈不是都一樣嗎？究竟我該如何是好？

如果各位想推銷的商品，在市場上已經充斥著許多具相同特色的競品，而各位又想不戰而勝的話，勢必要祭出與其他業者不同的特色，強調我方的「稀有性」才行。

亞力山大・薛爾尼夫 (Alexander Chernev) 教授團隊，和西北大學凱洛管理學院 (Northwestern University's Kellogg School of Management) 的研究團隊，利用刻意製造出來的「相對稀缺效應」，證明它可讓以往銷路不佳的商品轉為暢銷。團隊透過線上購物所做的這項實

驗，調查受試者對以下兩款沙發的評價。這兩款沙發是分別由不同廠商推出的商品，但設計和價格幾乎都一樣，只有座墊具備以下的特色：

A 坐起來柔軟舒適
B 堅固耐用

結果發現，選 A 者有 42%，選 B 者則占 58%，也就是堅固耐用的 B，評價略高一籌。於是研究團隊又找了另一組受試者，並加入 C、D、E 三種商品。相較於 A、B，C、D、E 的缺點較多，但它們都有一個共同的特點，那就是和 B 一樣堅固耐用。換句話說，在五款沙發當中，只剩下 A 是「坐起來柔軟舒適的沙發」。沒想到，調查竟出現了全然不同的結果──有 77% 的受試者喜歡 A。這是因為在五款沙發當中，只剩下 A 是「坐起來柔軟舒適的沙發」，於是 A 便有了「相對稀缺效應」，在五個選項當中更顯得一枝獨秀，所導致的結果。

膽小貓給軟腳蝦的建議

各位軟腳蝦在推銷商品時,「POP」應該是個相當有力的武器吧?要在店頭面對顧客,扯開嗓子大聲招呼「我們的商品比別家好!」恐怕軟腳蝦再怎麼樣都說不出口。如果是 POP,應該就可以稍微淡化各位對於推薦自家商品的抗拒感。製作 POP 素材時,一味關注自家商品特長的書寫方式 , 是很常見的失敗案例 。 寫 POP 時,要考慮如何運用巧思,讓那些和競品擺在一起的自家商品,看起來顯得更有稀缺性。因此,評估該強調哪些賣點,便格外重要——畢竟有些商品只要有一張合適的 POP 素材,就能飛快地暢銷。事不宜遲,趕快實際走一趟賣場瞧瞧吧!

優點說不出口

軟腳蝦案例 16

我在推銷的這款商品，
就跟我這個人一樣，
什麼長處都沒有，賣不出去。
是不是什麼樣的人
就會賣什麼樣的商品啊……

為「總是看不到優點」的軟腳蝦
獻上一記絕招 ▶▶▶

運用「『努力』的視覺化」就能賣出你想賣的商品

Claude Hopkins. *My life in advertising & scientific advertising*.（《我的廣告人生——廣告巨人歷久彌新的行銷金律》、《科學廣告法》。克勞德‧霍普金斯／著。日文版：伊東美奈子／譯，翔泳社／出版。繁中版：顧淑馨／譯，圓神／出版）

各位是否覺得自己經手的商品，是司空見慣的平凡商品呢？即使真是如此，公司在製造、銷售這項商品時，也投入了一些巧思或努力。即使這些努力同行也都在做，在業界是理所當然的事，只要生活者還不知道，那麼就值得試著訴求看看。如果順利的話，還可望因此而讓更多人想買這項商品。

克勞德‧霍普金斯 (Claude Hopkins) 是在距今約一百年前，活躍於美國廣告界的傳奇廣告文案寫手。讓霍普金斯一炮而紅的成名作品 ， 是施麗茲啤酒 (Schlitz Beer) 的廣告宣傳。

1920 年時，美國的啤酒公司百家爭鳴，市場上堪稱是群雄割據的狀態，甚至還有人說當年是「啤酒大戰」。霍普金斯在接到施麗茲啤酒的廣告委託之後，便請對方讓他參觀釀酒廠。當時，其實各家業者都在爭相打「純粹」牌。可是在這樣的競爭之下，消費者對廠商強調的內容，不會留下任何印象。因此霍普金斯期盼能在參觀製造過程之後，找到一些新的訴求點。

參觀過工廠之後，霍普金斯大感訝異——因為工廠裡到處都是他不知道的事。例如啤酒會用白樺紙漿製成的濾紙過濾，在裝瓶前要用高溫的蒸氣先清潔酒瓶，輸送的管線、幫浦還要一天清潔兩次，避免混入雜質，還要用水井從地下四千英尺的深處汲取出天然水來釀造等等。

回到辦公室之後，霍普金斯非常興奮，還問施麗茲啤酒的業務承辦人：「你們為什麼不把這些事告訴大家？」結果對方一派平靜地回答：「因為別家廠商都在做一樣的事。不這樣做，就釀不出好啤酒。」

即使其他公司也都在做一樣的事，但沒有任何一家公司說出這個事實。把這些措施都公開，生活者一定會大感驚訝——霍普金斯動了這個念頭之後，便製作了一檔報紙廣告，以「乾淨的啤酒」為核心概念，還加上「用活蒸氣清洗過的啤酒」這句廣告詞。這個廣告引起了相當大的迴響，讓原本在業界屈居老五的施麗茲啤酒，在短短幾個月之內竄升為龍頭。

也因為這個廣告的成功，霍普金斯發現了以下這個原理：「若能搶先其他同業，把業界裡人盡皆知、想當然耳，卻還沒對外宣傳的事實拿來作為訴求，就能替最先訴求這些事實的商品，帶來獨占且永續的榮耀。」

霍普金斯後來運用這個原理，接連幫其他各行各業的客戶創造了多款熱銷商品。

膽小貓給軟腳蝦的建議

或許的確有些商品，會讓我們忍不住想說「一點特色也沒有」。不過，只要用心尋找，我想總會有些什麼優點才對。越是讓我們自己覺得稀鬆平常的事，越會隱藏著一些旁人看來「真厲害！」的亮點。而找尋這些亮點的過程，其實非常愉快。不僅商品如此，人也是一樣，只要深入探究，必定能找出每個人獨一無二的賣點。

不敢斬釘截鐵地說「這個好！」

軟腳蝦案例 17

寫信給客戶的時候，
我都不敢寫斬釘截鐵的句子。
我覺得自己恐怕死也不敢寫
「我家的商品保證讚」
這種句子……

為「不論任何時候，都不敢把話說死」的軟腳蝦
獻上一記絕招 ▶▶▶

分別妥善運用「肯定句」和「疑問句」
商品就能賣得出去

Hagtvedt, H. (2015). Promotional phrases as questions versus statements: An influence of phrase style on product evaluation. *Journal of Consumer Psychology*, 25 (4), 635–641.

語言有各式各樣的「句型」，其中最具代表性的，就是「肯定」和「疑問」。那麼，究竟要在什麼時機，用哪一種句型才有效呢？

波士頓學院 (Boston College) 的卡羅爾管理學院 (Carroll School of Management) 有一位亨利克‧海格費 (Henrik Hagtvedt) 博士，他做了一項實驗，想知道在廣告文案上要使用「肯定句」或「疑問句」，才比較有機會讓消費者掏錢買單。

海格費博士將逾四百位受試者分成兩組，讓他們看各種商品的照片，每張照片上都附有促銷宣傳文案，並搭配音樂。其中一組看到的文案是「肯定句」，另一組看到的則是「疑問句」。假設商品是筆，那麼「肯定句」組的文案就是「這是為你準備的筆」(the pen for you)；而疑問句組看到的則是「這是為你準備的筆嗎？」(the pen for you?) 實驗結果會是如何呢？

結果發現其實是「依個案而異」。當照片、音樂的刺激較強，讓受試者處於所謂的「高度清醒狀態」時，「肯

定句」的文案會比較有效；當照片、音樂的刺激較弱，讓受試者處於所謂的「低度清醒狀態」時，則是「疑問句」的文案比較有效。換言之，消費者在興奮狀態下，或是發現自己有興趣的商品時，偏好「肯定句」的機率較高；處於冷靜狀態，且對商品興趣缺缺時，則偏好「疑問句」的機率較高。

或許這的確是一個很能讓人接受的結論。以政治人物的演講為例，當我們強力支持的候選人或政黨發表演說時，用肯定句斬釘截鐵地闡述己見，能讓我們很坦然地接受；另一方面，當我們對演講者心存質疑時，若對方使用肯定句，就會讓我們更加反感，漸行漸遠。所以在後者的情況下，選擇用疑問句切入，比較有機會贏得支持。

膽小貓給軟腳蝦的建議

原來如此！既然不一定隨時都要寫斬釘截鐵的電子郵件，那麼各位應該就可以稍微輕鬆一點了吧？畢竟寫那些斬釘截鐵的信，的確會讓人備感壓力。

「肯定句」和「疑問句」，可依對方的清醒程度高低，或對商品感興趣與否來區分使用時機。若是在顧客面前，且顧客對各位的商品很感興趣時，建議各位不妨鼓起勇氣，釋放「肯定」型的訊息；如果是對商品興趣缺缺的顧客，那麼或許使用「疑問」型的訊息會更好。至於該選用哪一種方法，就請各位視情況機動調整即可。

只要被拒絕，就變得很畏縮

軟腳蝦案例 18

不管我再怎麼努力推銷，
只要一聽到對方說
「這是什麼鬼東西？」
「這和我們沒關係」，
我就會嚇得一蹶不振……

為「動不動就畏縮，還嚇得一蹶不振」的軟腳蝦
獻上一記絕招 ▶▶▶

運用「請想像一下效應」
就能讓對方認為商品和自己有關

Gregory, W. L., Cialdini, R. B., & Carpenter, K. M. (1982). Self-relevant scenarios as mediators of likelihood estimates and compliance: Does imagining make it so? *Journal of Personality and Social Psychology*, 43 (1), 89–99.

看到前所未有的商品或服務時，人通常都不會明白買了它會對自己有什麼好處。因此，當我們要推銷這麼新穎的商品時，就算對方是潛在顧客，往往還是會聽到他們說「我不需要」。遇到這種情況時，我們該如何推銷才好呢？

這時，首先最好請潛在顧客想像自己拿到該商品或服務時的狀態。對顧客而言，如果這個想像是令人雀躍的，就有機會讓顧客對商品萌生興趣，覺得「原來它是和我也有關係的商品」。在本書當中，我們將這種寫作方式所創造的效應，命名為「請想像一下效應」。

社會心理學家席爾迪尼 (Robert Cialdini) 等人，在距今約四十年前，就曾以實驗證明「請想像一下效應」確實有效。這項實驗，是與在地的有線電視業者（預計在一個月後開始服務用戶）合作，在亞利桑那州鳳凰城近郊的住宅區坦佩 (Tempe) 進行。在實驗中，研究團隊先以「有線電視方面的問卷調查」的名義，請一群大學生挨家挨戶地拜訪各家戶，再親手將推銷有線電視服務的信件交給民眾。附帶一提，有線電視在當

時還是一種鮮為人知的服務。信件上針對申裝有線電視的優點，寫出了以下兩種版本，發送給當地民眾。

①有線電視能提供用戶五花八門的娛樂與資訊服務。（中略）不必請保母，也不必刻意花油錢外出，就能增加和親朋好友或獨自在家的歡樂時光。

②請您稍微想像一下：有線電視能帶給您多少五花八門的娛樂與資訊服務？（中略）不必請保母，也不必刻意花油錢外出，就能增加您和親朋好友或獨自在家的歡樂時光。

①和②的內容都差不多，兩者的差異在於信件開頭的「請想像一下」這個句子，以及用第二人稱的「您」來串聯整篇文章。不過，光是這樣的差異，在一個月後的申裝率上就呈現出極大的落差——收到①號信的家戶，申裝率為 19.5%；而收到②號信的家戶，申裝率則為 47.4%。換言之，②的申裝率是①的兩倍以上。這是因為收到②號信的民眾，很能真實地想像自己申裝有線電視後的生活樣貌，並因此體認到這項服務「和我有關」所致。

膽小貓給軟腳蝦的建議

請各位想像一下：如果各位軟腳蝦學會如何運用「請想像一下效應」，會是什麼光景──即使各位推銷的是前所未有的嶄新商品，必定也能讓顧客認為它和自己有關，暢銷熱賣！如此一來，工作就會得心應手，輕鬆愉快，說不定還能買房購屋，天天都能吃到最頂級的貓食喔！

總是驚慌膽怯

軟腳蝦案例 19

只要一到顧客面前，
我就會驚慌膽怯，
不敢說出自己的意見。
我要賣的明明是有很多優點的產品，
我竟覺得「我的意見沒什麼好說」……

為「總是驚慌膽怯」的軟腳蝦
獻上一記絕招 ▶▶▶

運用「『我的朋友約翰』技巧」 就能讓賣不出去的商品暢銷

David Ogilvy. *Confessions of an advertising man.* (《一個廣告人的自白》。大衛‧奧格威／著。日文版：山內亞優子／譯，海與月社／出版)

Milton H. Erickson, M. D. (1964). The "surprise" and "my-friend-John" techniques of hypnosis: Minimal cues and natural field experimentation. *American Journal of Clinical Hypnosis*, 6 (4), 293–307.

無法直接了當地表達自己的意見，並不是壞事——因為即使賣方再怎麼強調自家商品、服務的優點，顧客也會提高戒心，認為「只不過是想推銷商品而已吧？」那我們究竟該怎麼辦呢？這種時候有一個方法，那就是蒐集已購買的顧客意見，向潛在顧客介紹。有「現代廣告之父」美譽的大衛・奧格威 (David Ogilvy)，也曾在書中有過這樣的描述：

「文案應時時附上推薦文字。若以讀者的接受度來看，匿名文案寫手的盛讚，恐怕不如那些同樣身為消費者的顧客，所給的幾句推薦。」

附帶一提，除了直接轉述顧客意見之外，其實還有一招，那就是不著痕跡地把顧客意見融入談話內容當中。

這個做法，其實是應用了精神科醫師、催眠療法大師米爾頓・艾瑞克森 (Milton H. Erickson) 所提出的「『我的朋友約翰』技巧」(my-friend-John techniques)。所謂「『我的朋友約翰』技巧」，是指運用「我朋友約翰說……」這種「第三人稱敘述」，來表達「個人意見」

的技巧。假設各位賣的是座墊，那麼描述方式就會如以下這樣：

前幾天，有個向我買了座墊的計程車司機說：「坐起來感覺就像是飄在半空中似的，就算開車久坐，屁股也完全不痛。有這種東西，你為什麼不早點告訴我？」

既然意見或感想是來自不在現場的第三人，對方也無法全盤否定。此外，這種來自第三人、而不是來自賣方的故事，較有機會讓聽的人產生共鳴。尤其是在整個銷售的過程中，這種共鳴的效應更為顯著。只不過，倘若這些話不是真的出自顧客口中，就要考慮道德上的問題。我認為可以說、寫的，終究還是那些確實有人說過的事。不過，畢竟這還是一招值得學起來的技巧，建議各位不妨時時提醒自己多蒐集顧客的意見。

「『我的朋友約翰』技巧」不僅適合用在銷售推廣，也能用來讚美他人，例如告訴對方「○○先生對你讚不絕口」等等。因為人即使會對直接的讚美懷有戒心，對來自第三者的讚美，通常比較容易坦然開心接受。

膽小貓給軟腳蝦的建議

原來如此！如果不是自己說，而是借用別人說的話，說不定軟腳蝦族群也能說得出口。對了！我朋友瑪莉說，她主人也是用這一招，後來發生了很棒的好事喔！

Chapter
3

隨心所欲地驅策他人

無法強迫別人

軟腳蝦案例 20

再怎麼拜託大家
來參加公司的活動，
大家都不肯露面。
尤其我策劃的活動
出席率總是特別低……

為「明明希望大家來參加，卻又無法強迫別人」的軟腳蝦
獻上一記絕招 ▶▶▶

運用「『不參加也要表態』技巧」
活動參加率就會上升

Keller, P. A., Harlam, B., Loewenstein, G., & Volpp, K. G. (2011). Enhanced active choice: A new method to motivate behavior change. *Journal of Consumer Psychology*, 21 (4), 376–383.

請別人參加活動時，只要留意邀請函的寫法，就能讓參加率出現很顯著的轉變。在此為各位介紹達特茅斯學院 (Dartmouth College) 塔克商學院 (Tuck School of Business) 的普南‧凱勒 (Punam Keller) 教授團隊，所做過的一項實驗。

實驗的內容，是以一份給教育機構員工的「流感疫苗接種通知單」，來確認調整通知內容是否會影響參加率。研究團隊先在通知單上寫出下列文字，請有意參加者在框中打勾。

□ 我願意接種疫苗。

像這樣只有一個選項時，參加率為 42%。不過，若再加一句話，參加率就會跳升到 62%。想一想，究竟加了一句什麼話呢？答案是：「表態不參加」的欄位。

□ 我願意接種疫苗。
□ 我不願意接種疫苗。

為什麼這樣就能讓接種率上升呢？想必是因為「就算不參加，也要表態」的緣故。接著，研究團隊又加入了以下這句話，告知「只要接種疫苗，就能降低罹患流感的風險」。結果又會變成怎麼樣呢？

□接種疫苗能降低罹患流感的風險，
　我願意接種疫苗。
□即使接種疫苗能降低罹患流感的風險，
　我仍不願接種疫苗。

這個做法竟讓參加率上升到了 75%。光是多加一句話，就能有這麼不同的結果，人類的心理還真是奇妙。

膽小貓給軟腳蝦的建議

既然要辦活動，當然就希望能有多一些人來參加，可是又不能強硬地對他們說「來參加」……軟腳蝦的這種心情，我很能體會。這時不妨在活動通知的信函上，運用「不參加也要表態」這一招。例如不要只提供：

□我將出席活動。

這種單一選項的通知，而是提供：

□我將出席這個一整天都能與貓同樂的活動。

□我不出席這個一整天都能與貓同樂的活動。

讓人即使不參加，也必須表態，同時也傳達「這麼有趣的活動，你不來參加嗎？」的暗示。如此一來，就算沒有當面「施壓」，也可望達到同樣的效果。加油吧！

不敢開口請人做公益

軟腳蝦案例 21

我想幫助那些
深受貧窮所苦的人，
可是我又不敢
展現自己的正義感……
該怎麼辦才好呢？

為「想掩飾自己的正義感，卻又想做好事」的軟腳蝦
獻上一記絕招 ▶▶▶

運用「可識別的受害者效應」
捐款金額就會增加

Small, D. A., Loewenstein, G., & Slovic, P. (2007). Sympathy and callousness: The impact of deliberative thought on donations to identifiable and statistical victims. *Organizational Behavior and Human Decision Processes*, 102 (2), 143–153.

Slovic, P. (2007). If I look at the mass I will never act: Psychic numbing and genocide. *Judgment and Decision Making*, 2 (2), 79–95.

賓州大學 (University of Pennsylvania) 的黛博拉‧史莫 (Deborah Small) 教授，和奧勒岡大學 (University of Oregon) 的保羅‧斯洛維克 (Paul Slovic) 教授的研究團隊，就進行了一項實驗，以調查不同內容的通知單對人的捐款行為有何影響。受試者事前已因協助填寫一張虛構的問卷，而獲得 5 美元的報酬。接著，研究團隊再交給受試者一份「救救孩子」的捐款說明和信封。捐款說明有以下 A、B 兩份，受試者會拿到其中一份。

【A】

‧ 馬拉威的糧食短缺，已影響逾三百萬孩童。

‧ 尚比亞因久旱不雨，自 2000 年迄今玉米生產已減少 42%，推估約有三百萬尚比亞人面臨飢荒。

‧ 安哥拉共和國約有三分之一的人口，也就是四百萬人流離失所。

‧ 衣索比亞有逾一千一百萬民眾需要緊急糧食援助。

【B】

您的捐款將會全數交給蘿姬雅。她是居住在非洲馬利

的少女，現年七歲，目前面臨貧窮和嚴重的飢荒。有了您的捐款，她的生活就可以好轉。「救救孩子」團隊秉持您和所有捐款人的善心，與蘿姬雅的家人及當地民眾合作，提供她糧食、教育、基本醫療與衛生教育。（蘿姬雅的照片）

受試者在收到 A、B 其中一份捐款說明後，便會獨處片刻，好讓他們考慮是否捐款。有意捐款者，只要把錢裝進信封，交給研究團隊後，即可離場。各位覺得結果會是如何呢？

一如各位預期，答案是讀了蘿姬雅故事的「B」組，比讀了一堆統計數字的「A」組，捐款金額多出了兩倍以上　（A 的平均捐款金額是 1.14 美元，B 的則是 2.38 美元）。平心而論，蘿姬雅的故事其實也只不過是冰山一角，A 點出的這些事實才是更嚴重的問題，但人的情緒感受跟不上過於龐大的悲劇，沖淡了眾人的共鳴。相對地，聚焦單一人物的悲劇故事，會引起較多人的共鳴。這樣的心態被命名為「可識別的受害者效應」(identifiable victim effect)。

這個實驗還有後續。其實研究團隊還安排了另一個組別，在同樣的設定下，讓受試者閱讀 A、B 兩份捐款說明。研究團隊原先認為：「有統計數字，又有故事，這樣的組合，捐款應該會更多」。然而，結果竟然是平均 1.43 美元，只比 A 組多一點，比 B 組少了近 1 美元。換言之，多數人因為看到了這些統計數字，而澆熄了他們對蘿姬雅的同情。

膽小貓給軟腳蝦的建議

人類真是太奇妙了。就不能將理性和感性做個妥善的搭配嗎？總而言之，對他人有事相求時，聚焦特定人物的故事，訴求自己的窘境，對方比較能聽得進去。不敢高舉正義的大旗，大聲疾呼「讓我們為這個世界做～吧」的軟腳蝦，最適合使用蘿姬雅戰術。若是用「為了○○」的說詞來請人幫忙，各位應該就不會抗拒了吧？

說不出「請給我錢」

軟腳蝦案例 22

我被指派負責募款，
卻完全募不到。
「請給我錢」這種話，
我根本就說不出口……

為「想知道募款要訣」的軟腳蝦
獻上一記絕招 ▶▶▶

運用「用途視覺化效應」
就能募到款項

Cryder, C. E., Loewenstein, G., & Scheines, R. (2013). The donor is in the details. *Organizational Behavior and Human Decision Processes*, 120 (1), 15–23.

包括捐款在內，要募集各種資金，其實有個很有效的方法——那就是詳細說明募得資金的具體用途。

聖路易華盛頓大學 (Washington University in St. Louis) 的辛西亞‧凱德 (Cynthia Cryder)，和卡內基美隆大學 (Carnegie Mellon University) 的喬治‧洛溫斯坦 (George Loewenstein) 教授、理查‧謝恩斯 (Richard Scheines) 教授，將一群受試者分為三組，研究不同的勸募說明文，對募得款項多寡會有多少影響。文字內容有以下三個版本：

A「樂施會」(Oxfam International) 是全球營運績效最卓著的公益團體之一，在世界各地為民眾提供人道救援。如果樂施會向您募款，您會捐多少錢？

B（在 A 的文字後面加上）您的捐款，將會用於讓困苦民眾享用乾淨飲水等用途。

C（在 A 的文字後面加上）您的捐款，將會用於讓困苦的民眾享用瓶裝水等用途。

每個版本的文字差異都不大，但募款結果卻大相逕庭。
首先是 A 和 B 的差異，A 的捐款金額平均為 7.54 美
元，B 則為 10.25 美元。只是多加一句款項用途的說
明，就讓捐款金額增加了 30% 以上。

接下來再看 C，C 的結果更驚人，平均捐款金額竟是
6.95 美元，比 A 組還低。想必是因為「瓶裝水」這種
表達方式，不如「乾淨飲水」那麼容易想像的緣故。
於是相形之下，A 還顯得略勝一籌，C 則是落入敬陪
末座的下場。

這個技巧不僅可用來募捐，還可應用在許多層面上。
例如請各位試想一個必須爭取公司預算的情況。像這
種時候，明確地傳達將如何運用這筆預算，至關重要。
只不過，各位要特別留意的是：千萬別用一些難以想
像的描述。

膽小貓給軟腳蝦的建議

　「募資」這件事，對軟腳蝦族群而言，真的是一個既沉重又高難度的挑戰。不過沒關係，用這個方法，至少可以稍微輕鬆以對。既然是募款，那麼最首要的任務，就是具體地把「錢要怎麼用」說清楚；再者就是絕對不要寫出會讓人狐疑「欸？把錢花在這種地方啊？」的事，或是讓人難以想像的內容。不妨就先從這些地方開始做起吧！

不敢請人配合

軟腳蝦案例 23

我想找人幫忙填問卷，
想提高問卷回收率……
可是……
大家看起來都很忙的樣子……

為「想提高問卷回收率，卻不敢強硬要求」的軟腳蝦
獻上一記絕招 ▶▶▶

運用「自我形象導引效應」
旁人就會主動伸出援手

Bolkan, S., & Andersen, P. A. (2009). Image induction and social influence: Explication and initial tests. *Basic and Applied Social Psychology*, 31 (4), 317–324.

當各位想尋求他人協助，例如填寫問卷等狀況時，將對方的「自我形象」往好的方向引導，就比較容易爭取到他們的協助。

加州州立大學長堤分校 (California State University Long Beach) 傳播研究所的桑・波坎 (San Bolkan)，和聖地牙哥州立大學 (San Diego State University) 傳播系的彼得・安德森 (Peter Andersen) 做了一項實驗，證明一開始先問「自我形象導引問題」，人的行為就會出現很大的轉變。波坎和安德森在購物中心和超市，請路上行人協助填寫問卷。這時，他們用了以下這兩個版本的說帖來招攬行人：

A 用「方便占用您一點時間嗎？」搭話，再請對方協助填寫問卷。
B 用「你是個樂於助人的人嗎？」詢問，再請對方協助填寫問卷。

這兩份不同的說帖，會對問卷的填答率帶來多少影響呢？答案是……

A 29%　　B 77%

為什麼會有這麼大的落差？B 組問的「你是個樂於助人的人嗎？」這個問題，會讓絕大多數的人都停下來思考一下，才回答「是」。在這樣的自我形象導引之下，被 B 版說帖問到的民眾，就不得不依照這個形象（樂於助人）來採取行動。

這個研究是針對口語而做，但其實文字也有一樣的效果。舉例來說，如果是以短句互動，像是在 LINE 或 Messenger 等軟體傳訊息時，在寫下請求內容前，建議各位不妨先傳「○○，你是個樂於助人的人嗎？」若非個別互動，則可以像以下這樣，先引導對方的自我形象：

**「給總是二話不說地協助我們的各位朋友：
要請各位幫忙填寫一份問卷」**

想必成功爭取到協助的機率，應該會比一般的請求來得高。

膽小貓給軟腳蝦的建議

原來如此！一開始要先提出一個問題，把對方的自我形象往好的方向引導，人就比較容易採取符合那個形象的行動。原來人類對於「暗示」這麼難以抗拒啊！除了問卷調查之外，在商務、家庭、伴侶等關係的互動上，也都可以運用這一招喔！例如各位可以傳這樣的 LINE 訊息給伴侶：「你喜歡看到我滿心歡喜的表情嗎？」若對方回「嗯」，各位就可以馬上試著拜託「那你願意為我～嗎？」──我可不保證一定會成功喔！

即使是為對方好，也不敢推薦

軟腳蝦案例 24

我在醫院工作，
一直很希望病人都能來
接種流感疫苗。
但我就是沒有辦法
恰到好處地推薦……

為「想推薦卻不敢行動」的軟腳蝦
獻上一記絕招 ▶▶▶

「框架效應」
投技

運用「框架效應」
對方就會自動選擇你期望的選項

Tversky, A., & Kahneman, D. (1981). The framing of decisions and the psychology of choice. *Science*, 211 (4481), 453–458.

Cherubini, P., Rumiati, R., Rossi, D., Nigro, F., & Calabrò, A. (2005). Improving attitudes toward prostate examinations by loss-framed appeals. *Journal of Applied Social Psychology*, 35, 732–744.

請教各位一個問題。請各位先讀過以下的文章之後，再想一想答案是什麼 （當然要不要想是各位的自由……）。

【問題 1】

為防範某種預估將造成六百人死亡的亞洲疾病大流行，有人提出兩套因應方案。如果是你，會選擇方案A或方案 B？

方案 A……二百人獲救。

方案 B……有三分之一的機會可讓六百人獲救，但有三分之二的機會是無人獲救。

【問題 2】

為防範某種預估將造成六百人死亡的亞洲疾病大流行，有人提出兩套因應方案。如果是你，會選擇方案C或方案 D？

方案 C……有四百人會死亡。

方案 D……有三分之一的機會無人死亡，但有三分之二的機會是六百人全部死亡。

我想各位聰明的讀者應該已經發現了，A 和 C、B 和 D 都是同一套方案。想必讀者當中應該也有人知道，這其實是 1980 年時，由丹尼爾・康納曼 (Daniel Kahneman) 和阿莫斯・特沃斯基 (Amos Tversky) 共同執行的一項知名實驗，名叫「亞洲疾病問題」(asian disease problem)。結果發現，選擇各個方案的受試學生人數，占比如下：

【問題 1】方案 A 為 72%，方案 B 為 28%
【問題 2】方案 C 為 22%，方案 D 為 78%

即使是內容相同的問題，只要換個描述方式，就會出現迥異的結果。康納曼把這個現象命名為「框架效應」(framing effect)。所謂的框架，就是繪畫領域裡所說的「畫框」，它所截取事物的角度不同，呈現給大眾的觀點就會不一樣。舉例來說，各位不妨試著思考一下：一份鼓勵民眾做癌症篩檢的折頁上，應該放什麼樣的文章呢？以下的 E、F 兩套方案，哪一個會讓各位比較願意去做篩檢？

E「年過四十以後，建議您接受癌症篩檢。不做癌症篩檢，就可能會忽略嚴重疾病的警訊，是很不得了的大事。」（恐嚇民眾「不篩檢就會有危險」的一段文字）

F「年過四十以後，建議您接受癌症篩檢。接受癌症篩檢，有時還可發現一些非癌症的重大傷病，可讓人放心過健康生活」（訴求「有篩檢就安全」的一段文字）

根據米蘭比科卡大學 (University of Milano-Bicocca) 保羅‧凱魯畢尼 (Paolo Cherubini) 等學者的研究，看到 F 版折頁後，有意接受癌症篩檢的人占比最高，顯然是正向框架奏效的結果。

膽小貓給軟腳蝦的建議

與其用威脅似的做法強迫別人去接種疫苗，軟腳蝦族群還是比較適合「訴求安全」的做法——更何況這種做法還是比較有效的。如果是要建議患者接種流感疫苗，那麼「萬一不慎感染流感，有打疫苗的人症狀比較輕微」的說法，會比「不打疫苗會得流感喔」更能提升接種率。請各位不妨試試喔！

被動手腳也不敢生氣罵人

軟腳蝦案例 25

主管要我蒐集問卷，
可是我覺得
問卷好像被刻意操作成
對主管有利的結果了……

為「充滿正義感又一絲不苟，無法容許主管動手腳作弊」的軟腳蝦
獻上一記絕招 ▶▶▶

運用「雙向問題」
就可以做出沒有偏差的問卷調查

Kunda, Z., Fong, G. T., Sanitioso, R., & Reber, E. (1993). Directional questions direct self-conceptions. *Journal of Experimental Social Psychology*, 29, 63–86.

從剛才介紹過的框架效應當中，各位應該可以明白：在使用問卷調查或民意調查等工具時，受訪者的回答，可能會因為內文的敘述方式而大不相同。

加拿大滑鐵盧大學 (University of Waterloo) 的研究團隊做了一項實驗。團隊將受試者分為 A、B 兩組，請他們回答以下的問卷。

A 你滿意現在的生活嗎？
　①滿意　②不滿意

B 你對現在的生活有不滿嗎？
　①有不滿　②沒有不滿

各位認為調查結果會是如何呢？結果在問題 B 當中選擇「不滿」的人，比問題 A 多了近四倍之多。這是因為被問到「滿意嗎？」的時候，人們就會聚焦在「滿意」；而被問到「有不滿嗎？」的時候，人們就會聚焦在「不滿之處」所致。應用這個結果，假如主管在調查部屬對自己的滿意度時，提出了像「A」這樣的問

題，或許就可以誘導大家選擇主管想要的答案。

若想得到不偏頗的答案，那麼上述這樣的問法，並不正確。刻意用這種方法操弄民意調查等調查工具，得出偏頗的結果，絕對是道德上所不允許的。那麼，究竟該怎麼擬問題，才能得到公平公正、毫不偏頗的答案呢？各位要做的，就是從雙向的觀點來提問。

・您滿意本公司的服務嗎？還是覺得不滿意呢？
・您滿意目前政府的外交政策嗎?還是覺得不滿意呢?

當然我們也不能否認，這樣的提問方式，也可能因為先後順序而使結果出現偏頗。不過，它的偏差程度，會比只從單方向提問來得低。

膽小貓給軟腳蝦的建議

唔……原來問卷上的文字敘述，只要稍微調整提問的方式，結果就會大不相同。人類還真是奇妙啊！做事一絲不苟、一心只想排除問卷偏差的軟腳蝦，實在是太了不起了！畢竟為了讓問卷上出現對自己有利的答覆，而動這些手腳，那就不是真正的問卷了。不過，要是真的需要一個對自己有利的調查結果時，該怎麼做才好？那就擬一些單向問題……不不不！這樣不行！不能濫用這一招喔！

就是不選我推薦的

我是保險業務員。
公司有一些推薦商品，
但我推薦的商品，
很難爭取到客戶的青睞……

為「推薦商品得不到客戶青睞」的軟腳蝦
獻上一記絕招 ▶▶▶

運用「預設值效應」
就能讓對方做出決定

Johnson, E. J., & Goldstein, D. G. (2003). Do defaults save lives? *Science*, 302, 1338–1339.

Johnson, E. J., & Goldstein, D. G. (2013). Decisions by default, in E. Shafir (Ed.), *The behavioral foundations of public policy* (pp. 417–427). Princeton University Press.

選項的初期設定 (default) 如何,將大大地影響你我所做的選擇。舉例來說,同意於腦死或心臟停止死亡後捐贈器官的比率,各國的差異相當顯著。根據 2017 年的一項調查顯示,日本已簽署同意器官捐贈文件的人數占比,約為 12.7%;然而,其實也有國家的同意器捐比例逾 99%。為什麼會有這麼大的差距?除了有文化和生死觀方面的差異之外,選項預設值的不同,也造成了很大的影響。

哥倫比亞大學 (Columbia University) 商學院的艾瑞克・強森 (Eric Johnson) 教授團隊,2003 年時在《科學》(Science) 雜誌上發表了一篇論文,當中調查了歐洲各國的「器官捐贈意願」占比。根據該篇論文所述,丹麥、荷蘭、英國和德國的同意器捐占比偏低,法國、奧地利、葡萄牙、匈牙利的占比偏高,呈現兩極化的趨勢。會有這樣的現象,其實是有原因的──前面的偏低組是「有意器捐者需表示意願的國家」(預設值是器官不捐贈);後者則是「無意器捐者需表示意願的國家」(預設值是器官捐贈)。日本是採前者的做法,所以也難怪同意器官捐贈的比例會這麼低了。

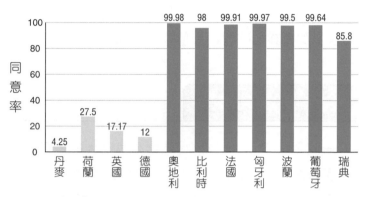

各國器官捐贈同意率

引用自 Johnson, E. J., & Goldstein, D. G., *Science*, 2003

1990 年代初期，美國紐澤西州 (New Jersey) 和賓州 (Pennsylvania) 在修訂《汽車保險法》時，調整了投保文件的預設值，使得這兩個州在日後走向了截然不同的發展。這兩個州的車主，皆可從「保費較低，但訴訟權利受限的保險」和「保費較高，但訴訟權利不受限的保險」當中，擇一投保。不過，紐澤西州的預設值是「保費低的保險」；賓州則是「保費高的保險」。結果，兩個州都有約 75～80% 的車主，**選擇了預設值的選項**。由此可知，**「預設值效應」**對你我的選擇影響

甚鉅。然而，若預設值總是對提供服務的一方有利，不免讓人覺得有道德問題，故須特別留意。就選擇方而言，則要詳加確認預設值是否一味地讓利給對方。

膽小貓給軟腳蝦的建議

一個預設值，就能讓選擇結果有這麼大的差異，還真像是人類會做的事欸！軟腳蝦族群一定都很懂得為顧客著想，所以，如果各位要銷售的商品對顧客有益，不妨考慮將它設為預設值。

再怎麼提方案，對方就是不做決定

軟腳蝦案例 27

我乖乖地照客戶指示，
盡可能提報了好幾個方案，
但客戶一個都沒挑……

為「客戶總是不做決定」的軟腳蝦
獻上一記絕招 ▶▶▶

運用「選擇壓力減緩效應」
就能讓對方做出決定

Iyengar, S. S. (2010). *The art of choosing.* New York: Twelve. (《誰在操縱你的選擇：為什麼我選的常常不是我要的？》。希娜・艾恩嘉／著。日文版：櫻井祐子／譯，文藝春秋／出版。繁中版：洪慧芳／譯，漫遊者文化／出版）

Iyengar, S. S., & Lepper, M. R. (2000). When choice is demotivating: Can one desire too much of a good thing? *Journal of Personality and Social Psychology*, 79 (6), 995–1006.

提報企劃或設計案時，有時客戶會要求「盡量多提幾個方案」。事實上，選項越多，客戶越是無法從中做決定。提案方該怎麼做，才能避免陷入這樣的窘境呢？

「果醬實驗」(jam experiment) 是一個很有名的實驗，或許各位也曾聽說過。它是現任哥倫比亞大學商學院教授希娜・艾恩嘉 (Sheena Iyengar) 在史丹佛大學讀研究所時，在舊金山郊區門洛帕克 (Menlo Park) 的高級超市「德瑞格超市」(Draeger's Market) 協助下，所進行的實驗。

艾恩嘉的團隊在超市入口附近，設置了英國高級果醬品牌「Wilkin & Sons」的試吃攤位。攤位分為兩種類型，一種會擺出「二十四款果醬」，另一種則會擺出「六款果醬」，每隔幾小時就更換攤位類型，以調查顧客的反應。附帶一提，草莓、葡萄、覆盆莓和柑橘等口味，不列入本次試吃選項——因為它們是大家熟悉的口味。各位猜猜結果會怎麼樣？

從實驗當中得知，試吃種類越多，就能聚集更多人潮。

約有 60% 的顧客， 都到擺出二十四種口味的攤位試吃 ；而到六種口味的攤位試吃的 ，則是約 40%。不過，觀察實際購買商品的顧客比例，就會發現兩者結果正好相反。在擺出二十四款果醬的攤位試吃過後，只有 3%（占整體的 1.8%）的顧客購買；而在六款果醬的攤位上，則有 30%（占整體的 12%）購買。也就是說，選項少的攤位，反而帶來了六倍以上的營收。

當選項越多時，人就會搞不清楚評斷的標準為何。排山倒海而來的選項數量，會給人帶來壓力，讓人更加躊躇不決。艾恩嘉教授已經證實，「選項過多使人無法抉擇」的這個現象，不只會出現在食品等商品上，也會在其他各種領域發生。那麼，只要減少商品種類，營收就會自動彈升嗎？不，其實也未必。

對顧客而言，麻煩的其實是「做選擇的壓力」。如果能幫他們減輕這份壓力，那麼「商品種類多」這件事，反而應該會有正向的助益才對。我們就以剛才那個果醬的案例來想一想：如果試吃種類多，才能吸引更多人潮聚集，那麼這個方法應該可以擴大潛在顧客。既

然如此，我們就只要妥善運用這個要素，同時再降低
顧客的選擇壓力即可。例如將二十四款果醬依「甜
味」、「酸味」、「醇厚」等口味特性畫出圖表，或公布
各年齡層的「果醬喜好排行」等，各位覺得如何？若
是要祭出一些讓顧客更容易做出購買決策的措施，那
麼多樣的商品種類，或許會帶來一些正向的效益。

膽小貓給軟腳蝦的建議

提了太多方案，讓顧客覺得眼花撩亂，到頭來
根本就做不出決定──這種情況的確很常見。
此時各位不妨將這些方案分類，例如依「概
念」、「預算」、「交期」等方向整理後再提交，
降低客戶做選擇時的壓力，或許就能提高成交
機率喔！

總之對方就是不做決定

軟腳蝦案例 28

我把提給客戶的方案
設法篩選到剩兩個，
想讓客戶這次非得做個決定不可，
結果這次還是沒做出決定……

為「不論再怎麼努力，客戶就是不肯做決定」的軟腳蝦
獻上一記絕招 ▶▶▶

運用「誘餌效應」
客戶就會做出決定

Ariely, D. (2010). *Predictably irrational, revised and expanded edition: The hidden forces that shape our decisions*. Harper Perennial. (《誰說人是理性的：消費高手與行銷達人都要懂的行為經濟學》。丹‧艾瑞利／著。日文版：熊谷淳子／譯，早川書房／出版。繁中版：周宜芳、林麗冠、郭貞伶／譯，天下文化／出版)

Li, M., Sun, Y., & Chen, H. (2019). The decoy effect as a nudge: Boosting hand hygiene with a worse option. *Psychological Science*, 30, 139–149.

假設各位在提供某種服務時 ， 提出了 A 方案和 B 方案。這時，有可能是很多客戶都反其道而行，選擇各位沒有推薦的選項；也可能有人在兩者之間猶豫不決，到頭來還是做不出決定。我們該如何避免這樣的情況發生呢？建議各位不妨從一開始就先備妥「第三選項」（C 方案）。順利的話，C 方案還能發揮襯托 A 方案和 B 方案的效果。

在這種 「誘餌效應」(decoy effect)（又稱為「不對稱支配效應」）當中，最有名的，莫過於行為經濟學家、同時也是《誰說人是理性的》等暢銷書的作者——丹・艾瑞利 (Dan Ariely) 所做的實驗。他在一份問卷當中，用以下三個選項 ， 詢問大學生訂閱 《經濟學人》(*Economist*) 雜誌的意願。如果是你，你會選擇哪一個選項？

①訂閱網路版　59 美元
②訂閱雜誌版　125 美元
②訂閱雜誌版加網路版　125 美元

結果，三個選項的支持率分別是① 16%、② 0%、③ 84%。附帶一提，若刪去上述三個選項中無人支持的②，再請大學生二選一，結果則變成① 68%、③ 32%。換句話說，在三選一時的調查結果，其實是因為有誘餌②襯托之下的答案。若從「營收」的觀點來思考，三選一和二選一之間，會拉開相當大的差距。

我們再來看一個誘餌效應的案例。這是科羅拉多大學 (University of Colorado Denver) 的李猛 (Meng Li) 和中國科學院的研究團隊，在中國的食品工場當中，針對員工手部清潔狀況所做的一項實驗。研究團隊以「只放置一般消毒噴霧瓶」，和「同時擺放『很難用的擠壓瓶』與『噴霧瓶』」的狀況，來比較兩者的手部消毒率。結果發現，放了難用擠壓瓶的那一組，手部消毒率大增。換言之，「難用擠壓瓶」成了誘餌，驅使眾人開始選用噴霧瓶裡的消毒液。

膽小貓給軟腳蝦的建議

原來有沒有「誘餌」，人類所做的選擇竟然會如此不同啊！若能巧妙運用這樣的特性，我想軟腳蝦族群一定能逃脫「客戶不肯做決定」的輪迴。軟腳蝦族群往往因為太親切，而對客戶百依百順，拚命配合。但如果「再怎麼努力，客戶就是不肯做決定」的狀態持續下去，想必各位一定會很沮喪。這種時候，不妨妥善運用這一招「誘餌效應」吧！

Chapter
4

寫出能讓對方明白的
文章

再怎麼寫，都沒人肯定

軟腳蝦案例 29

我不敢大張旗鼓地說，
不過，有時候，
其實我也很希望有人肯定我寫的文章！
我該多用一些艱深的詞彙嗎？

為煩惱著「偶爾還是希望文章能贏得肯定」的軟腳蝦
獻上一記絕招 ▶▶▶

運用「簡易詞彙」效應
你的文章就能贏得肯定

Oppenheimer, D. M. (2006). Consequences of erudite vernacular utilized irrespective of necessity: Problems with using long words needlessly. *Applied Cognitive Psychology*, 20 (2), 139–156.

Alter, A. L., & Oppenheimer, D. M. (2006). Predicting short-term stock fluctuations by using processing fluency. *Proceedings of the National Academy of Sciences of the United States of America*, 103 (24), 9369–9372.

當我們懷著「真想被肯定！」的心態來寫，文章往往就會變得充滿艱深詞彙或敘述。然而，這樣真的有助於促進理解、增加好感嗎？普林斯頓大學 (Princeton University) 心理系的丹尼爾‧奧本海默 (Daniel Oppenheimer)，曾以閱讀者對文章的印象，與「是否使用既長又難的單字」之間的關係，做過一項研究。結果發現：把同樣內容的文章，分成「用了既長又難的單字」版本，和「使用簡單平易的詞彙」版本，交給大學生閱讀、比較過後，發現詞彙簡單平易的版本，更能給人「知性」的印象，對作者的評價也比較高——也就是說，使用簡單平易的詞彙，才能帶給讀者「知性」的印象，而不是艱深的詞彙。這是因為我們的大腦偏好「可流暢處理的簡易資訊」，討厭「複雜資訊」。

附帶一提，這種傾向不只會出現在文章閱讀上，舉凡公司名稱、商品名稱、服務名稱等，最好也都以盡量簡單易懂、容易發音為宜。前面介紹過的奧本海默，其實還曾與普林斯頓大學心理系的亞當‧奧特 (Adam Alter) 合作，研究企業名稱的發音是否會影響股價。由於使用正式名稱來進行分析，會使研究變得

過於複雜，因此他們以美國股市用的股票代號 (ticker symbol)，也就是英文字母三個字所組成的簡稱，來比較上市公司在啟動調查後「一天」、「一週」、「六個月」、「一年」的股價變化。結果發現：股票代號簡單好唸的企業，股價漲幅比代號難唸的公司高。這個「簡單好唸」的概念，不僅適用於公司名稱，在商品、服務的命名，甚至是廣告文宣等方面，也很重要。若有機會命名，建議各位可從「眼、口、耳、腦、心」這五個觀點來檢視。

①**用眼睛檢視**　文字上看來是否簡單易懂、四平八穩?

②**用嘴巴檢視**　出聲唸唸看，是否易說、好唸?

③**用耳朵檢視**　聽起來是否流暢、舒服?

④**用大腦檢視**　是否充分展現了商品的特性?是否能讓人一聽就記住?

⑤**用心檢視**　商品名稱是否符合公司的特色或格調?

經過這些確認無誤後，就算是通過第一階段的檢核，表示它很可能是不會對腦部造成負擔的名稱。(※要實際當作商品推出時，還必須確認商標等方面也沒有問題)

膽小貓給軟腳蝦的建議

我很能體會各位軟腳蝦希望文章獲得肯定的心情。不過，我們倒也不必勉強用那些艱深的詞彙。妥善運用簡明易懂的詞彙，更有機會贏得別人的好感。各位要有自信啊！話說回來，這本書的作者，有沒有確實運用簡單的詞彙寫文章啊？

被嫌「很難看懂」，就會很沮喪

軟腳蝦案例 30

主管老是說：
「你寫的文章很難看懂」，
我覺得很沮喪⋯⋯

為「總有一天要讓主管無話可說」的軟腳蝦
獻上一記絕招 ▶▶▶

運用「認知放鬆的文章效應」
就可贏得信任與親切感

Kahneman, D. (2012). *Thinking, fast and slow*. Penguin. （《快思慢想》。丹尼爾・康納曼／著。日文版：村井章子／譯，早川書房／出版。繁中版：洪蘭／譯，天下文化／出版）

McGlone, M. S., & Tofighbakhsh, J. (2000). Birds of a feather flock conjointly (?): Rhyme as reason in aphorisms. *Psychological Science*, 11, 424–428.

2002 年獲頒諾貝爾經濟學獎的認知心理學家丹尼爾‧康納曼 (Daniel Kahneman)，在他的著作《快思慢想》當中，有下面這一段敘述：

「讀了不會對腦部造成負擔，也就是『認知放鬆』的文章之後，人會覺得很舒服，並對寫作者萌生『親切感』和『信任』。」

當別人說我們寫的文章「很難看懂」時，可能是因為文章對這個人的腦造成了負擔。造成腦部負擔的原因五花八門，例如「沒有標題」、「字級太小」、「留白太少」、「字型不易閱讀」、「漢字與假名分配不均」、「標點或換行的時機不當」等，多半是與視覺負擔有關的問題，而不是文章內容上的瑕疵。因此，當有人說各位「文章寫得很差」時，首先要留意的重點，是適度地加入標題、留一些餘白，以建立良好的第一印象。

至於文章內容方面，則可能是「邏輯不連貫」。此時，各位需要妥善運用連接詞，讓邏輯首尾一貫。還有，文章的「節奏」也會是一個問題。重複使用同樣的連

接詞，或頻繁使用同樣的句尾處理，有時會讓文章顯得單調乏味，節奏也會變差。這個部分其實只要出聲唸一唸，就能確認有無瑕疵。此外，在日文當中，除非是寫作技巧相當純熟的高手，否則在同一篇文章中既使用「です、ます」，又使用「だ、である」，會破壞文章的節奏[2]。至於「標題」（見出し）、「題名」（タイトル）、「標語」（キャッチコピー）[3]等，則需要更注重字音的安排──因為它們能讓人對文章感興趣，激發讀者「想再繼續讀下去」的念頭。

美國拉法葉學院 (Lafayette College) 心理系的馬修・麥格隆 (Matthew McGlone) 研究團隊曾做過一項實驗，請受試者讀一篇「諺語風格的押韻文章」，和一篇「意思相同，但沒押韻的文章」，並加以比較後，說出

---

2 編註：「です、ます」與「だ、である」都是語助詞，前者比較禮貌，後者比較直截了當。這段話要傳達的意思是，在寫作上，一會兒使用較為禮貌、溫柔的語氣，一會兒使用較強硬的語氣，這麼做會破壞文章的節奏。
3 編註：此處原文為「見出し、タイトル、キャッチコピー」，參酌中文用語習慣及前後文敘述翻譯如正文。

何者較能反映現實。結果多數受試者的答案,都認為
「諺語風格的押韻文章」較精確可信。想必這是因為
押韻的文章較有節奏感,大腦在認知上很放鬆所致。

其實這個概念,在日文當中也可適用。有押韻的廣告
文案,總是很容易在我們心中留下深刻的印象。例如
下面這些都是很久以前曾出現過的廣告詞,不知道各
位是否還有印象?

北海道,美好到。(でっかいどお。北海道)[4]
英特爾,都在這兒。(インテル、入ってる)
7-Eleven,心怡時分。(セブンイレブン、いい気分)

4　譯註:此為全日空公司在 1977 年所推出的廣告文案。下
　　面兩句依序是「Intel inside」的日文,以及日本 7-Eleven 自
　　1976 年至 2010 年使用的廣告文案。為顧及押韻,此處三
　　句廣告詞在意義上與原文稍有不同。

膽小貓給軟腳蝦的建議

總而言之，人類的大腦就是討厭複雜的資訊嘛！各位軟腳蝦所寫的，已經是乍看之下就讓人覺得很簡明易讀的文章了嗎？我覺得很多軟腳蝦其實都是好人，所以往往會說明得太仔細，或寫得太多。這種寫作風格的人，要懂得善用標題和廣告詞，讓讀者有興趣繼續往下看。考慮文章節奏分配，統一文體風格，再擬出押韻的標題——多練習運用這些技巧，各位軟腳蝦筆下的文章，就會變得非常清楚易讀，總有一天能讓主管無話可說！

沒人願意讀到最後

我寫的文章，
總是沒人願意讀到最後⋯⋯
到底是哪裡不夠好？

為「由衷期盼別人讀完整篇文章」的軟腳蝦
獻上一記絕招 ▶▶▶

運用「猜謎效應」
就能讓人願意讀完你的文章

Cialdini, R. B. (2005). What's the best secret device for engaging student interest? The answer is in the title. *Journal of Social and Clinical Psychology*, 24 (1), 22–29.

讀別人的文章，其實是很需要耐力的一件事。尤其當
我們要讀的，並不是自己樂意閱讀的文章時，更是如
此。那麼，究竟該怎麼做，才能讓人好好讀完我們所
寫的整篇文章呢？

以 《影響力 ： 讓人乖乖聽話的說服術》 (*Influence:
Science and Practice*) 等著作聞名的社會心理學家羅
伯特·席爾迪尼 (Robert Cialdini)，當初開始寫作給一
般讀者閱讀的書籍時，他很想知道如何透過文章來激
發讀者的興趣。於是他到圖書館，集中火力找出許多
科學家寫給外行人的書，並潛心閱讀後，發現那些鮮
少有人閱讀的文章，其實都有一些共通點——它們都
是「晦澀難解」、「徒具形式」、「充斥專業術語」的文
章；而成功的文章，也都有一些共通點——它們都是
「邏輯清楚」，有「生動的案例」，並且「不失幽默」
的文章。

不過，席爾迪尼卻在這裡，找到了一個他始料未及的
成功案例。各位覺得是什麼案例呢？為席爾迪尼帶來
寫作靈感的，是某位天文學家所寫的書。書中開宗明

義地寫著這樣的一段敘述：

土星環恐怕是太陽系當中最壯觀的一項特色。我們能否說明何謂土星環?別處根本不存在像它這樣的東西。它究竟是由什麼物質所構成的？

沒錯，這本書正是劈頭就從「謎題」開始切入。接著，作者又繼續向讀者提出以下這些問題，讓謎題更加錯綜複雜。

針對這個問題，有三個國際公認的研究團隊提出了解答，卻是三套截然不同的說法。這究竟是為什麼呢？劍橋大學 (University of Cambridge) 的研究團隊認為「土星環是氣體」，麻省理工學院 (Massachusetts Institute of Technology) 研究團隊說是 「塵土粒子」；加州理工學院 (California Institute of Technology) 的研究團隊又說是「冰的結晶」。大家看到的應該都是同一個東西，為什麼會有這麼大的不同？結果到底誰說的才對？

之後，這位天文學家花了二十頁的篇幅，用懸疑推理的形式，解開「土星環究竟是由什麼物質組成」這個謎題。結果，席爾迪尼一路讀到正確解答（外表覆蓋著一層冰的塵土），才想起：「我對塵土一點興趣都沒有，況且不管土星環是由什麼物質構成，都和我的生活毫無關係。可是在閱讀這二十頁的過程中，我卻一心只想知道這個謎題的答案，便一路讀了下來。」換言之，這位天文學家在全書一開始先創造了謎題，接著並沒有立刻解答，成功地讓讀者讀完了一大段充滿科學理論和實驗說明的文章，沒有在中途就厭倦放棄。

席爾迪尼從這個經驗當中學到的事，不只應用在他的著作撰寫上，也融入了他的授課內容──他發現只要在課程一開始先說一個謎題，接著再以解謎的形式來授課，學生專心投入的程度，就會和以往截然不同。附帶一提，席爾迪尼針對這個主題所寫的論文，也應用了這個「猜謎」的概念，設定了一個精彩的標題：「能讓學生感興趣的最佳祕密裝置為何？答案就在這個標題裡。」

膽小貓給軟腳蝦的建議

原來如此！各位不敢問別人「為什麼不把文章讀完」的軟腳蝦，或許可以考慮在文章開頭設定一個謎題，接著再用解謎的形式寫出整篇文章——因為一開始先拋出謎題，別人就能興味盎然地讀到最後。請各位軟腳蝦務必一試！

越是想說服別人，越是寫得拖泥帶水

軟腳蝦案例 32

我寫的文章，
說服力好像不太夠。
可是我既不擅長強力訴求，
要說明又說得拖泥帶水。
到底該怎麼做才好啊……

為「越想說服別人，說明就越是拖泥帶水」的軟腳蝦
獻上一記絕招 ▶▶▶

運用「具體數字效應」
就能讓文章具有說服力和震撼力

Jamie Oliver. Teach every child about food. TED Talks 2010.

在文章中加入具體的數字，就能增加文章的說服力和震撼力——因為論述會顯得更具體。舉例來說，以下兩個句子，哪一個比較讓各位印象深刻？

①絕大多數的人都哭了。
② 96.7% 的人哭了。

大多數的人都會選②吧？那麼下面這兩句呢？

①已有許多人選用。
②已有多達 32,458 人選用。

這一題應該也是②會比較讓人印象深刻吧？「絕大多數」、「多半」、「許多」、「居多」等詞彙，感受其實因人而異。然而，如果加入一些具體的數字，就能消除模糊，讓描述更具體，打造出一個令人印象深刻的句子。此時數字呈現得越仔細，越容易讓讀者感覺可信。不過，若想讓讀者在感覺震撼的同時，又能留下印象，最好盡量選擇較小的整數。畢竟過大的數字很難讓人萌生切身感受，無法引起共鳴。

英國的知名主廚傑米・奧利佛 (Jamie Oliver)，2010 年時曾於 TED Talks 上做過一場十八分鐘的演講。演講的一開始，他就用了一個相當震撼人心的數字：

「接下來在我分享的這十八分鐘之內，就會有四個美國人因為糧食而喪命。」
Sadly, in the next 18 minutes when I do our chat, four Americans that are alive will be dead through the food that they eat.

如果奧利佛在這場演講當中，說的是「一年會有十一萬七千個美國人因為糧食而喪命」呢？是不是覺得數字太龐大，大得難以想像呢？奧利佛把這個數字，換算成他演講的十八分鐘，才成功帶給了聽眾強大的震撼力。「十八分鐘會有四個人喪命」這個數字，在許多聽眾心中留下了深深的印記。

就像這樣，使用數字時，若是為了贏得對方的「信任」，就要盡量使用詳細且龐大的數字；如果是想讓人留下「記憶」，那就要選擇整齊且小的數字，效果更佳。

膽小貓給軟腳蝦的建議

煩惱該怎麼增加說服力的軟腳蝦，是不是已經得到一些靈感了呢？數字魔術還有很多可用的方法，例如營養補充飲料的這一句廣告旁白：

「含 1,000 毫克牛磺酸」

各位是否曾經聽過這句旁白？若把單位改成「公克」，這句話其實就等於是「含 1 公克牛磺酸」，可是「1,000 毫克」較能給人含量豐富的印象。

「維生素 C 含量相當於 50 顆檸檬」

同理可證，這樣寫就能給人「維生素 C 含量豐富」的印象。其實 1 顆檸檬的維生素 C 含量僅有約 20 毫克，也就是說，50 顆檸檬的含量共計為 1,000 毫克＝1 公克。所以它也是個「變換標示單位」的數字魔術。

無法留下任何印象

我本來就是一個沒什麼存在感的人，
沒想到連寫的文章也沒什麼存在感（印象）。
該怎麼寫出令人印象深刻的文章呢？

為「至少文章想寫得令人印象深刻」的軟腳蝦
獻上一記絕招 ▶▶▶

運用「數字節奏效應」
就能寫出令人印象深刻的文章

King, D., & Janiszewski, C. (2011). The sources and consequences of the fluent processing of numbers. *Journal of Marketing Research*, 48, 327–341.

Marc Andrews, Matthijs van Leeuwen, & Rick van Baaren (2014). *Hidden Persuasion: 33 psychological influence techniques in advertising*. BIS Publishers. (《隱形說服力：讓你甘心掏錢的廣告心理學》。馬克‧安德魯、馬蒂斯‧凡‧李文、李克‧凡‧巴倫／著。日文版：板東智子／譯，PNA 新社／出版。繁中版：蒲琮文／譯，旗標／出版)

在文章、文案或產品名稱上妥善運用數字，就能「在腦中留下深刻的印象」，更能提升讀者對商品的好感，進而對商品銷路產生推波助瀾的效益。此外，在使用數字時，為了讓讀者更能具體想像敘述內容，節奏的安排也非常重要。

德州大學的消費心理學家丹‧金 (Dan King) 等人，曾針對「數字」做了一個耐人尋味的實驗。他們先將受試者分成 A、B 兩組，請受試者從金寶湯 (Campbell) 公司的蔬菜湯和果菜汁 (V8) 當中做出一個選擇。受試者在選擇之前，會先看過以下的廣告文案：

A 喝 V8 果菜汁， 補充人體對 4 種維生素和 2 種礦物質的需求。

B 喝 V8 果菜汁，補充人體對維生素和礦物質的需求。

A 組受試者所看到的文案當中，有「4、2、8」等數字。結果發現，他們選擇果菜汁的比例較高。我們可以這樣推測：這個結果，是因為一般人都能很輕鬆地計算出 $4 \times 2 = 8$，因此在這一群受試者的腦中，產生

了「數字節奏效應」，進而對商品留下了深刻的印象。

說到玩數字的高手，很多人可能會想到已故的蘋果創辦人史蒂夫・賈伯斯 (Steve Jobs)。賈伯斯很懂得如何在簡報當中有效運用數字，這一點很有名。舉例來說，2001 年時，賈伯斯在第一代 iPod 上市時做了一場簡報。當時，蘋果公司的課題，是要如何傳達 iPod 這個僅 185 公克，容量就有 5GB 的音樂播放裝置，究竟有何優點。賈伯斯認為光是拿出容量和重量等數字，顧客還是不會有感，於是便想出了以下這樣的廣告文案：

「把一千首歌裝進口袋裡。」

它讓人立刻就能勾勒出一個具體的想像，是很高明的數字操作。

膽小貓給軟腳蝦的建議

哎呀呀……數字魔術還真是博大精深啊！在英文世界裡，甚至還有以下這樣的諺語：

數字不會說謊，但說謊者會操弄數字。

Figures don't lie, but liars figure.

我們固然不能當個騙子，但在千鈞一髮的關鍵時刻，如果數字能成為我們的靠山，那該有多麼令人心安啊！要是各位軟腳蝦也能寫出令人印象深刻的文章，那就太好了。

老是被說「我知道你想說什麼，可是……」

軟腳蝦案例 34

每次只要一寫報告，
我就會被說：
「我大概知道你想說什麼，
但就是很難勾勒出具體的想像」……

為「令人『很難想像』」的軟腳蝦
獻上一記絕招 ▶▶▶

運用「類推效應」
就能寫出令人很能直覺地
勾勒出想像的文章

Thibodeau, P. H., & Boroditsky, L. (2011). Metaphors we think with: The role of metaphor in reasoning. *PLoS ONE*, 6 (2), Article e 16782.

只要使出「類推」(analogy) 或「比喻」(metaphor) 大
法，就算是一些原本費盡唇舌說明，對方仍很難想像
的事，也都能變成可以直覺了解的內容。

以迪士尼為例，它其實是建立在「把園區塑造成一個
『以藍天為背景的偌大舞臺』」這個類推之下的場域。
因此，園區裡所有的事物，都要貫徹「在舞臺上演出
的一場秀」這個概念；而園方也成功地在員工心中深
植了一份自覺，讓他們覺得「我就是在舞臺上表演的
『演員』」。如果少了「整個園區就是一座舞臺」這個
直覺式的、簡單易懂的類推，那麼迪士尼恐怕就很難
為員工建立上述這些忠於角色的意識了。

比喻也是類推的一種。它是將原本不相關的兩件事串
聯在一起，好讓讀者更能直覺地了解內容。史丹佛大
學心理系的保羅‧席波杜 (Paul Thibodeau) 和萊拉‧
博格迪特斯基 (Lera Boroditsky) 找來了兩組受試者，
分別讓他們在網路上讀一篇文章，兩者之間只有一處
用了不同的詞彙。文章內容如下：

①犯罪是一隻侵襲阿迪遜市 (Addison) 的野獸。這座
　向來和平安定的城市，犯罪率在過去 3 年間已逐步
　攀升。

②犯罪是一隻侵襲阿迪遜市 (Addison) 的病原菌。這
　座向來和平安定的城市，犯罪率在過去 3 年間已逐
　步攀升。

兩者之間的差異，只有用「野獸」或「病原菌」來比
喻犯罪而已。這個比喻在本質上，與實際犯罪內涵毫
無關係。然而，研究團隊在詢問讀過這些文字敘述的
兩組受試者「這座城市該如何打擊犯罪」時，兩者的
答案竟天差地遠——讀了第①篇報導的組別，認為「應
逮捕罪犯，送進監獄」的人比較多；而讀了第②篇報
導的組別，則多半表示「應防止犯罪擴散，改善有害
狀況」。換句話說，其實報導開頭所用的比喻（野獸、
病原菌），會大大地影響人的想法。倘若能像這樣巧妙
地運用類推或比喻，不只文章能讓人直覺地勾勒出具
體的想像，有時甚至還能改變讀者的想法。

膽小貓給軟腳蝦的建議

類推和比喻的威力真是強大！若能巧妙地將這個技巧融入文章裡，或許就能讓文章更有說服力了喔！假設各位軟腳蝦在工作上碰到了麻煩，非得向主管報告不可時，不妨把這個麻煩類推成「一道牆」來說明。解決事情的方式，不會只有正面衝撞這道牆，可以挖個洞從地下鑽過去，也可以從旁邊繞過去，也可以再想出其他辦法……先這樣說明過後，再提出具體的解決方案，主管應該就會覺得比較直觀易懂。

沒有傳達到重點

軟腳蝦案例 35

我向來都卯足全力寫文章，
但似乎總是傳達不到重點……
我還需要在哪裡多下功夫？

為「總是傳達不到重點」的軟腳蝦
獻上一記絕招 ▶▶▶

運用「重點強調效應」
文章就會變得簡單易懂

Sanford, A. J., & Graesser, A. C. (2006). Shallow processing and underspecification. *Discourse Processes*, 42, 99–108.

Sanford, A. J. S., Sanford, A. J., Molle, J., & Emmott, C. (2006). Shallow processing and attention capture in written and spoken discourse. *Discourse Processes*, 42, 109–130.

我要再次強調，就算是主管，人終究還是對閱讀他人的文章興趣缺缺。尤其是商業文件，更是不會讓人想積極閱讀，讀了也很難記進腦袋裡。因此，沒有起承轉合的流水帳，當然很難傳達到重點。

那麼，我們該怎麼做，才更能把重點傳達給對方呢？

格拉斯哥大學 (University of Glasgow) 的安東尼‧桑福德 (Anthony Sanford) 博士研究團隊發現，文章中以斜體標示的詞彙，比非斜體標示的詞彙更能吸引讀者的注意。

換句話說（或許各位會覺得理所當然），改變字體、做個記號，更容易讓讀者意識到「這裡是重點」。

例如以下這些方法，看起來應該都可行。

劃底線
加上醒目提示

粗體標示

放大字體

調整顏色

使用框線

或是刻意把已經寫出來的字句刪除，藉以強調該處，
也不失為一法。

~~把已經寫出來的字句刪除~~

在這些地方多下功夫，讓文章一看就知道重點在哪裡，
大幅降低讀者在閱讀上的負擔。請各位試著運用這些
方法做標示，讓文章中的重點部分一目瞭然。如此一
來，讀者應該就能很輕鬆地讀懂文章內容。

膽小貓給軟腳蝦的建議

要讓文章更簡明易懂，就必須讓人一看就馬上明白重點在哪裡。倘若無法讓人乍看就知道重點在哪裡，或文章通篇晦澀難讀，那麼就算內容寫得再好，也不會有人願意讀。

這裡我想以公家機關的信函，以及家電產品等的操作手冊，來作為文章寫作的負面教材。這些文章，各位是否再怎麼讀，都讀不進腦袋裡呢？它們的確是很難讀的文章啊！各位軟腳蝦若想透過文字來「傳達意見、想法」，但對自己的寫作能力沒有把握時，建議各位不妨善加運用強調技巧。只要做到這一點，我想對方接收到的資訊量，應該就會很不一樣。

等不到主管回信

我再怎麼寫電子郵件給主管，
卻總是得不到主管的回覆。
可是，坐在我隔壁的同事卻說：
「主管很幫忙，回信很快。」
我是不是被討厭了……

為「電子郵件總是被忽略」的軟腳蝦
獻上一記絕招 ▶▶▶

運用「『你』（第二人稱）效應」就能讓對方覺得事情和自己有關

d'Ailly, H. H., Simpson, J., & Mackinnon, G. E. (1997). Where should "you" go in a math compare problem? *Journal of Educational Psychology*, 89 (3), 562–567.

現在，多數上班族都曝露在資訊排山倒海而來的環境中。各位寄出的那封郵件，收件人如果平常就會收到大量的郵件，那麼即使他無意特別針對誰，還是有可能沒注意（或馬上忘記）該做的事。為避免這樣的情況發生，最重要的，就是要讓對方意識到「這是和我有關的資訊」。這一點不只是在寫電子郵件時要緊，寫商業文章時也同樣重要。在資訊氾濫的現代社會當中，只要文章內容讓人覺得「與我無關」，整篇文章就會瞬間被忽略。

那麼究竟該怎麼做，才能讓對方覺得收到了「和自己有關的資訊」呢？祕訣就是要明白表示「這是專為你而寫的文章」。例如各位可以試著在郵件主旨加上對方的名字，就像下面這樣：

「（給川上先生）洽談三月出版書籍」

「姓名」是最容易讓人覺得「和自己有關」的詞彙，所以應該更能傳達「這是寫給你的信」。

其他像是廣告或推銷信函也一樣，使用第二人稱的「你」，會比第三人稱更能讓人覺得「和我有關」。加拿大滑鐵盧大學的蕭秀慧 (d'Ailly Hsiao) 博士研究團隊就做過一項實驗，研究算術題當中的人稱變化，對小學生作答的正確率有何影響。

①你有三顆球，你的球比鮑伯多兩顆，請問鮑伯有幾顆球？

②湯姆有三顆球，湯姆的球比鮑伯多兩顆，請問鮑伯有幾顆球？

結果發現問題①的正確率比較高。這是因為題目一開始就出現「你」這個字，小朋友更能設身處地把題目套用在自己身上，便提高了正確率。

膽小貓給軟腳蝦的建議

如果你寫的信，遲遲等不到主管的回覆，那麼你該懷疑的，不是自己「有沒有被討厭」，而是主管可能根本就沒注意到這封信。這種時候，你要先設法讓主管意識到這封信「和自己（主管）有關」才行。至於像是廣告或推銷信函這種發給不特定多數對象的文章，也要盡可能以「呼籲當事人」的心態來寫，就比較有機會讓讀的人認為是「和自己有關係」的文章。

撼動不了對方的心

軟腳蝦案例 37

我這個人就是木訥口拙，
所以希望至少「文章」
要寫得足以打動人心。
有沒有什麼不必講話
也能表情達意的好方法？

為「木訥口拙，但想透過撰寫文章來打動人心」的軟腳蝦
獻上一記絕招 ▶▶▶

運用「故事」效應
來打動人心

Hasson, U., Ghazanfar, A. A., Galantucci, B., Garrod, S., & Keysers, C. (2012). Brain-to-brain coupling: A mechanism for creating and sharing a social world. *Trends in Cognitive Sciences*, 16 (2), 114–121.
Uri Hasson. This is your brain on communication. TED Talks 2016.

若想透過文章來打動人心，那麼最有效的方法，就是
透過「故事」(story) 來表達——因為人類是最喜歡「故
事」的一種動物。舉凡小說、電影、電視劇、漫畫、
動畫和遊戲等，能打動人心的內容，多半都是「故
事」。這個概念，其實不僅適用於虛構的故事，在寫實
領域當中，多數內容也都含有「故事」的元素。

我們無從得知人類這麼喜歡故事的真正原因。不過，
人就是莫名地會被故事打動。「說故事」不僅在簡報、
行銷、領導、創新等商務場景有用，在其他許多時機
也都能奏效。附帶一提，第三章介紹過的「可識別的
受害者效應」，其實也就是在說故事。

普林斯頓大學的神經學家尤里・哈山 (Uri Hasson) 研
究團隊，曾運用功能性磁振造影 (Functional Magnetic
Resonance Imaging, fMRI) 設備，調查人在聽到「聲
音」、「字詞」、「句子」、「故事」等內容時，大腦所呈
現的變化。結果發現，大腦在聽到故事時，全區的活
動都會活絡起來。此外，研究中也發現，不論是說話
者或聽話者，大腦聽覺區的腦波都會隨著故事而同步

起伏（彼此的大腦發生耦合 (coupling)）。

雖然這是一個針對「口語」方面的研究，但書面語同樣可以透過故事來打動人心、訴諸情感。而故事要能撼動人心，其實是有一些規則的。我們把這些規則命名為「故事的黃金定律」。

【故事的黃金定律】
① 有某些缺陷，或被迫處於缺陷狀態的主角
② 想追求一個高遠而艱鉅的目標、終點，且無論如何都想設法達成
③ 過程中會遭遇到許多阻礙、糾葛和對立

這個規則，可以套用在許多小說、電影、電視劇、漫畫等虛構、寫實或紀錄類的作品，甚至是撼動歷史的重大演說等，是全人類共通的感動元素。若想寫出一些能打動人心的文章，建議各位務必把這個黃金定律放在心上。

膽小貓給軟腳蝦的建議

人為什麼會這麼喜歡故事呢？對了，還有小說家擅自拿貓來當主角，寫了一個故事呢！[5]建議各位軟腳蝦也要隨時提醒自己多加運用「故事」。舉例來說，如果各位覺得「真希望辦公室裡能放一些觀葉植物！」那麼各位該做的，或許不是把購買觀葉植物的金額和放置地點，整理成一份報告給主管，而是要以故事的形式，呈現原本冰冷的職場，在有了觀葉植物之後，眾人的心靈得到療癒，溝通也變得更熱絡。況且以故事形態呈現，業務承辦人也比較容易讀得下去，或許就比較有機會被打動喔！

5　編註：此處應是指日本文豪夏目漱石的小說作品《我是貓》。

Chapter
5

不爭不吵，就能讓人
改變意見

說服不了頑固的人

我很希望對方
更正他的誤解，
但對方非常頑固，
我實在是無能為力……

為「總是對頑固的人沒轍」的軟腳蝦
獻上一記絕招 ▶▶▶

「共同目標」
扳倒技

運用「共同目標效應」
就能扭轉對方固執的想法

Horne, Z., Powell, D., Hummel, J. E., & Holyoak, K. J. (2015). Countering antivaccination attitudes. *Proceedings of the National Academy of Sciences of the United States of America*, 112 (33), 10321−10324.

只要是自己認為正確的想法，就算後來發現顯然有誤，也很難改變──因為人一旦相信了某個意見，就會特別關注支持那些意見的資訊，而不會把提出反證的資訊放在心上。這種傾向，在心理學上有個專有名詞，叫做「確認偏誤」(confirmation bias)。

此外，也有研究指出，當我們提出客觀事實，指出那些堅信自己意見的人有錯時，這些人反而會更堅信自己的說法正確，也就是所謂的「逆火效應」(the backfire effect)。在政治和外交領域當中，這個現象尤其顯著。那麼，究竟該怎麼做，才能讓這些對錯誤意見深信不疑的人改觀呢？

伊利諾大學香檳分校 (University of Illinois, Urbana-Champaign) 的柴克里‧荷恩 (Zachary Horne) 博士，與加州大學洛杉磯分校的研究團隊，就針對「如何扭轉已經深信不疑的意見」做了一項實驗。美國坊間相信嬰幼兒在注射 MMR 三合一疫苗（麻疹、腮腺炎、德國麻疹的三合一疫苗）後，會出現相當嚴重的副作用，導致疫苗接種率偏低，麻疹疫情又死灰復燃。2014 年

時，麻疹通報病例共有六百四十四例，是前一年的三倍。其實這個坊間說法並沒有科學證據，但相信有副作用的家長，仍對此堅信不疑，不肯讓孩子接種MMR疫苗。就算醫師再怎麼努力提出客觀數據，強調疫苗安全無虞，家長仍只是一味地固執己見。

於是研究團隊請醫師不要再用「MMR三合一疫苗不會出現嚴重副作用」來說服家長，嘗試另尋出路——那就是改為強調「不會拿孩子的生命安全開玩笑」這個醫師和家長的共同目標；而針對事實的部分，則只強調「MMR三合一疫苗能預防麻疹等有致死之虞的疾病」。經過這樣宣導後，很多家長的態度都出現了轉變，同意讓孩子接種疫苗的人明顯增加了。換句話說，想扭轉對方深信不疑的觀念時，**最快速的方法，不是設法直接去改變對方原有的頑固意見，而是要在對方心中植入另一個可作為彼此共同目標的想法**。這個方法，也可應用在商務、政治和外交等方面。

膽小貓給軟腳蝦的建議

要從正面切入，去改變頑固人士的意見，原來
這麼困難啊！越是明白點出「你錯了」，只會讓
頑固的人更加鑽牛角尖。 建議各位軟腳蝦不妨
參考這項研究，仔細思考自己該用什麼表達方
式。對方絕不肯讓步的堅持，別硬是想用邏輯、
說理來駁倒對方，而是要重新找出彼此的共同
目標，並以「一起努力」的心態寫下說明文章。
如此一來，對方的態度應該就會軟化。

議價時總是被迫吞下對方要求

軟腳蝦案例 39

每次議價時，
我總是說不過對方……
難道沒有什麼方法，
可以讓我和對方不起爭執，
好好坐下來談嗎……

為「總是被迫吞下對方要求」的軟腳蝦
獻上一記絕招 ▶▶▶

運用「加個新請求效應」
自然就能催生出理想的談判結果

Blanchard, S. J., Carlson, K. A., & Hyodo, J. D. (2016). The favor request effect: Requesting a favor from consumers to seal the deal. *Journal of Consumer Research*, 42 (6), 985–1001.

和別人談判時，光是一個傳達方式不同，就可能大大地改變談判的結果。被迫吞下對方的要求，的確是會讓人覺得很不甘心。話雖如此，一味堅持自己的要求，到頭來談判破裂，那可就得不償失了（說穿了，既然各位是軟腳蝦，我想應該是不會有這樣的情況發生才對）。那麼，我們究竟該用什麼表達方式，才能在不與對方起衝突的情況下，談判出一個好結果？

喬治城大學 (Georgetown University) 麥克唐納商學院 (McDonough School of Business) 的賽門‧布蘭查德 (Simon Blanchard) 副教授研究團隊證明：在議價時提出一個金額上的妥協方案，但相對也提出「新請求」，就能對談判帶來正向的結果。在實驗當中，研究團隊將買方和賣方編成一組，請他們就商品（咖啡桌、電唱機）買賣進行議價。此時，研究團隊再將賣方分為以下兩組，以調查買方是否會同意購買。

賣方①僅提出減價方案
賣方②除了提出減價方案之外，還提出了新請求

所謂的「新請求」，是指例如「同意降價，但請幫忙寫一些正面評論」，或「同意降價，但請找人推薦給商家」等。各位猜猜結果如何？照理來說，應該是只降價，沒有任何附帶條件的①會比較容易被接受才對。沒想到，實驗竟出現了令人不可思議的結果：在只提出降價方案的①當中，有 40.0% 的買方同意購買；而在有附帶新條件的②當中，竟有高達 62.4% 的買方同意購買。

為什麼會出現這樣的結果呢？布蘭查德副教授等人提出以下的論述：「買方潛意識地對賣方懷有戒心，所以光是提報價格，買方無法確定這是不是真的底價。可是，當賣方多加了新條件時，買方就會認為這個價格接近底價」。簡而言之，這樣的談判方式，會讓買方認為「還要再加新條件才能給這樣的價格，看來對方已經很努力了」。

膽小貓給軟腳蝦的建議

原來如此！人類果然還是會做一些不合理的舉動。不過，這個戰術倒是可以善加運用。當各位軟腳蝦在談判桌上，快要被迫吞下對方的要求時，不妨把這個請求告訴對方：

「好吧，那就照您的意思降價，但能不能請您幫忙〇〇？」

同樣是要讓利給對方，多加這個請求，或許就會給人截然不同的印象，還能讓談判更順利喔！

再怎麼拜託都沒人願意配合

軟腳蝦案例 40

大家嘴上都說
「會去健檢、會去健檢」，
可是根本沒人去。
該怎麼宣導才能讓大家乖乖聽話？

為「連自己家人都控制不了」的軟腳蝦
獻上一記絕招 ▶▶▶

運用「前導刺激（觸發）效應」就能驅使人採取行動

Leventhal, H., Singer, R., & Jones, S. (1965). Effects of fear and specificity of recommendation upon attitudes and behavior. *Journal of Personality and Social Psychology*, 2, 20–29.

「心中想做的事」和「實際做出來的事」其實有很大的落差。畢竟儘管心想「做了比較好」，卻遲遲無法付諸行動的人，絕不在少數。各位是否也有過這樣的經驗？去聽了一場演講（或看了一個電視節目）之後，覺得內容很不錯，便想著從明天起要身體力行。可是隔天卻又拖拖拉拉、一延再延，最後根本沒做到。

我當然也有過這樣的經驗。有意付諸行動，卻一拖再拖的結果，到頭來甚至可能會把事情忘得一乾二淨。更何況如果要做事的是「別人」時，究竟該怎麼做才能讓人採取行動？關鍵在於要趁對方興致勃勃時，製造一些行動的契機。

先定案的事項，會對後續的行動帶來很大的影響——這在心理學上稱為「前導刺激（觸發）效應」。在距今逾五十年前驗證這個論述的是心理學家浩爾·李文薩爾 (Howard Leventhal) 博士團隊。李文薩爾博士團隊找來了一群大學生當受試者，請他們在耶魯大學 (Yale University) 的校園裡，聽專家演講破傷風的風險。演講過程中，專家力勸受試者應盡快到校內的健康中心

接種疫苗，絕大部分的學生也都認同演講內容，承諾會去接種。附帶一提，健康中心距離演講地點並不遠，同學們也都知道它位於何處。不過，最後實際去接種的學生人數，只占整體的 3%。

於是研究團隊又找來另一組受試者，請他們在同一個地點聽完演講後，發下一張標有健康中心位置的地圖，並要求同學們確認接下來一週的行程，決定何時去打疫苗，以及走什麼路線到健康中心去。只是加了這樣的前導刺激，預防接種率竟上升到 28%，增加了九倍之多。這些受試者並沒有當場預約接種，是「確認行程和健康中心的地點」這個前導刺激，成了驅使他們前去接種疫苗的契機。

東京都的立川市，就運用了這一套「前導刺激（觸發）效應」的概念，成功地大幅提升了「乳癌篩檢」的受檢率。當地主管機關針對「明白乳癌風險，卻遲遲沒有採取行動，接受篩檢的族群」，寄發了「受檢計劃卡」，以便民眾安排受檢計劃。推動了這項措施之後，受檢率從原本的 7.3% 上升到 25.5%，彈升三倍以上。

膽小貓給軟腳蝦的建議

健康檢查明明那麼重要，大家卻不肯主動受檢——各位軟腳蝦的家人，若有這種拖延逃避的情況，那麼本章所介紹的這個策略，說不定可以奏效。我們從前面這些實驗結果當中可以得知：人類這種動物，就算有心要做某件事，也很難把「付諸行動」放在心上。所以，各位軟腳蝦要先逐步地給對方一些前導刺激，例如寫封信宣導健檢的重要性，或是畫出可受檢地點的地圖等。這樣一步步地釋放前導刺激，或許大家就會萌生想去檢查的念頭囉！這時最好再迅雷不及掩耳地遞上紙和筆，請大家寫下自己要去的日期喔！

真想把失敗全都藏起來

我把事情搞砸了……
我好擔心承認疏失後，
旁人會有什麼反應。
我該怎麼辦才好？

為「想把失敗全都藏起來」的軟腳蝦
獻上一記絕招 ▶▶▶

運用「容錯效應」
就能改變旁人的反應

Lee, F., Peterson, C., & Tiedens, L. Z. (2004). Mea culpa: Predicting stock prices from organizational attributions. *Personality and Social Psychology Bulletin*, 30 (12), 1636–1649.

近來，政治人物或藝人的醜聞屢見不鮮。有些事件可能還會因為第一時間發送給媒體的傳真回應、推特上的推文，或是記者會的應答內容，又再火上加油，引發社群媒體上的出征、撻伐。這樣的情況，也可能發生在你我身上。

顯然已經把事情搞砸時，該怎麼挽救自己的形象？例如該一肩扛起責任，還是讓自己所屬的組織來承擔？密西根大學 (University of Michigan) 的費歐娜・李 (Fiona Lee) 研究團隊為了確認這一點，虛構了一家公司，並準備了兩種版本的「年報」（說明前年度業績不振的原因）。接著再將二百二十七位大學生分成兩組，讓他們分別閱讀這兩份年報。年報當中所記載的內容如下：

A 本年度發生預料之外的營收衰退，主要原因在於本公司去年度所做的策略判斷。（中略）此外，對於國內外環境因素所造成的意外狀況，經營團隊所做的準備也不夠完善。

B 本年度的營收衰退，主要是因為國內外景氣出現超

乎預期的惡化，以及國際競爭轉趨激烈所致。（中略）這些預期之外的狀況，原因出在聯邦政府的法律問題上，並非本公司可控制的問題。

A 版本承認營收衰退的原因，其實是公司自己的責任；相對的，B 則是把問題歸咎於外部的環境因素，不承認是自己的責任。結果發現，讀了 A 版本的組別，在很多方面都對公司很有好感。換言之，坦然承認自己該負責的企業，好感度較高。我們看了那麼多醜聞的記者會等活動，應該已經很明白這個道理——先誠懇道歉，再承諾會釐清問題的原因，最後再宣示「絕不會再重蹈覆轍」的說明流程，往往能讓事情就此止血，不再引起出征、撻伐；反之，企業要是推諉卸責，把錯歸咎在外部環境問題，便很有可能在網路上引戰。

膽小貓給軟腳蝦的建議

這些道理其實我們也不是不明白，但人類這種動物，一旦事情輪到自己身上，就會想逃避責任。各位軟腳蝦最好還是在報告上坦然承認自己的疏失，釐清事情為何出錯，並說明未來要擬訂何種策略來防患未然。如此一來，旁人的反應應該也會隨之改變喔！把過錯推給環境，藉以卸責的做法，只會消耗旁人對我們的信任。尤其服務業在出差錯、紕漏時，更是一個轉機。誠心為自己的疏失道歉，重新提供完整服務後，很多時候反而會讓人變成忠實顧客喔！

想大肆宣傳，卻不知如何是好

軟腳蝦案例 42

我是個軟腳蝦老闆。
想幫員工加薪，
卻不敢大張旗鼓地宣傳。
我該怎麼說，
才能提振員工的工作動機呢？

為「親切和藹又不仗勢欺人」的軟腳蝦
獻上一記絕招 ▶▶▶

運用「意外禮物效應」 就能提振員工的工作動機

Gilchrist, D. S., Luca, M., & Malhotra, D. (2016). When 3 + 1 > 4: Gift structure and reciprocity in the field. *Management Science*, 62 (9), 2639–2650.

Bracha, A., Gneezy, U., & Loewenstein, G. (2015). Relative pay and labor supply. *Journal of Labor Economics*, 33 (2), 297–315.

我們已經知道：一份同樣的報酬，會因為領取的時機和方式不同，而大大影響工作動機。由鄧肯‧吉爾奎斯特 (Duncan Gilchrist) 等人所組成的哈佛大學商學院研究團隊，就曾研究工作報酬和工作量的關係。在實驗當中，研究團隊將二百六十六位從事資料輸入工作的人員分為以下三組，分別給予不同的薪資：

①時薪 3 美元
②雙方先同意時薪為 3 美元後，又調升到 4 美元
③時薪 4 美元

如果是你，哪一個選項會讓你最有工作動機？研究團隊調查了每個組別的生產力，結果發現：第①組和第③組的時薪雖有顯著的差距，但生產力並沒有不同；只有第②組的生產力，竟然較其他兩組高出了 20%。可是單就時薪來看，②和③其實是一樣的。換言之，起初認為只能拿到低時薪，後來意外地加薪之後，提振了大家的工作動機。

報酬與工作動機之間的關係，還會因為其他許多因素

而變動。你知道辦公室裡坐你隔壁那位同事的薪水有
多少嗎？如果知道了，你覺得自己的工作動機會出現
什麼變化？任職於波士頓聯邦準備銀行 (Federal
Reserve Bank of Boston) 研究部門的行為經濟學家阿
娜特‧布拉查 (Anat Bracha)，就曾針對「當上班族得
知同事薪水多寡時，對自己的生產力會有什麼樣的影
響」做過研究。在實驗當中，布拉查將受試者分成以
下兩組，請他們進行一些重複性的作業，並依作業成
果支付相對的報酬。

A 單價 40 美分
B 單價 80 美分

於是兩組受試者開始進行同樣的作業。在兩組互不知
道彼此薪資時，生產力並沒有太大的差異。然而，當
他們知道彼此的薪資之後，結果會如何呢？各位應該
都猜到了，A 組的生產力明顯下降了。B 組在得知 A
組的報酬後，生產力幾乎沒有任何變化；而 A 組成員
在得知有另一組人員在進行相同的作業，領的工資單
價卻比較高後，工作動機便受到重創。

膽小貓給軟腳蝦的建議

雖然是個軟腳蝦，但這位老闆好拚命啊！原來人類在和別人比較薪資時，要是矮人一截，就會失去幹勁——還真有意思！建議這位軟腳蝦老闆，既然要加薪，最好還是多留意薪資與工作動機之間的關係，在傳達方式上多用巧思，以便藉此盡可能提振員工的工作動機。

雖然是好事，卻不敢大力拜託眾人配合

軟腳蝦案例 43

我是公司 SDGs 業務的承辦人。
大家都覺得 SDGs 是很正確的事，
卻沒人感興趣。
我想改變大家的意識⋯⋯

為「責任感和正義感特別強」的軟腳蝦
獻上一記絕招 ▶▶▶

運用「社會認同原理」
旁人的意識自然就會改變

Nolan, J. M., Schultz, P. W., Cialdini, R. B., Goldstein, N. J., & Griskevicius, V. (2008). Normative social influence is underdetected. *Personality and Social Psychology Bulletin*, 34 (7), 913–923.

Cialdini, R., & Schultz, W. (2004). Understanding and motivating energy conservation via social norms. Project report prepared for the William and Flora Hewlett Foundation.

SDGs 是聯合國高峰會在 2015 年 9 月通過的永續發展目標 (Sustainable Development Goals)，當中包括了十七個目標 (Goals) 和一百六十九個細項目標 (Targets)，各國將致力於 2030 年之前達成。

在訴求這種「政治正確」的事項時，亞利桑那州立大學 (Arizona State University) 的羅伯特‧席爾迪尼教授，以及加州州立大學聖馬克斯分校 (California State University San Marcos) 的衛斯理‧舒茲 (Wesley Schultz) 教授等人自 2001 年起，花了約三年時間在加州聖馬克斯做過一個著名的實驗，可為我們帶來一些靈感。首先研究團隊先派出研究生拜訪了當地逾一千二百個以上的家戶，並隨機分送寫有以下字樣的三款門掛牌。接著，研究團隊再調查各家戶的用電量變化。各位覺得，哪一款文字的效果最好呢？(答案有點戲劇性！)

①**節能省荷包**　關掉冷氣，改開電扇，每個月約可省下 54 美元。

②**節能做環保**　關掉冷氣，改開電扇，每月的二氧化

碳排放量可減少 262 磅。

③**為後代子孫節能**　關掉冷氣，改開電扇，每月約可
　　省下 29% 的電費開銷。

揭曉答案：其實每一種呼籲都毫無效果可言，尤其驚
人的是，它們竟然對節能一點幫助都沒有。從事前向
民眾所做的問卷調查結果看來，研究團隊預期第②組
的「訴求環保問題」應該最能促進節能，然而實際上
並沒有。其實，研究團隊除了上述三款之外，還派發
了另一款門掛牌，字樣如下：

④**和鄰居一起節能吧！**　在您所居住的這個區域，有
　　77% 的居民都在使用電扇，而不是開冷氣。

實際上，就只有派發了第④版的這一組，用電量大幅
降低──儘管在事前所做的問卷調查當中，不看好強
調「大家都在做」這一組的研究人員最多，認為這種
說詞「不構成民眾節能的契機」。這究竟是怎麼回事？

換句話說，人總以為自己是憑個人意志做出各種決定，

不會受到他人的影響。**事實上對我們影響最深的，其實是「別人採取了什麼行動」**。當我們處在某個情境下時，旁人的判斷就會像這樣，凌駕於我們自己的判斷之上，影響你我的行動，這在社會心理學上稱為「社會認同」(social proof)。

膽小貓給軟腳蝦的建議

這位軟腳蝦實在是太了不起了！要請別人配合執行像 SDGs 這種「正確的事」，我覺得是一件很辛苦的事。不過也就是因為這樣，才更需要在傳達方式上多用一點巧思。根據上述這項研究的結果，我們可以發現：訴求「大家都在做」，可望提高眾人配合執行的機率。建議各位不妨一試。

說不出口的負面消息

軟腳蝦案例 44

我被指派的任務是負責傳達
大家聽到都會想摀起耳朵的
負面消息。
該怎麼做才能讓大家
把我說的話聽進去？

為煩惱著「你不想聽？但我希望你聽進去！」的軟腳蝦
獻上一記絕招 ▶▶▶

運用「正向強調」
就能讓人對不想聽到的資訊
也做出反應

Karlsson, N., Loewenstein, G., & Seppi, D. (2009). The ostrich effect: Selective attention to information. *Journal of Risk and Uncertainty*, 38 (2), 95–115.

Genevsky, A., & Knutson, B. (2015). Neural affective mechanisms predict market-level microlending. *Psychological Science*, 26 (9), 1411–1422.

Katsumba, K. (2018). How Melbourne metro made a public service video marketing ad creative instead of doom and gloom. Smart Insights.

聽到不想積極面對的負面消息時，人類往往就會很本能地呈現出想迴避、切割的傾向。這在心理學有個術語，稱之為「鴕鳥效應」(the ostrich effect)。這個名稱的由來，是因為相傳鴕鳥在遭逢危險時，會把頭埋進沙裡，讓自己看不見周邊狀況的緣故。

瑞典學者尼可拉斯・卡爾森 (Niklas Karlsson)、卡內基美隆大學的行為經濟學家喬治・洛溫斯坦教授，和同屬卡內基美隆大學的金融經濟學家杜安・瑟比 (Duane Seppi) 等人的研究發現，投資人在查看股價時，就會出現這種「鴕鳥效應」。

他們研究了美國某項股價指數，與股東為確認股價而登入證券帳戶的次數（不含實際買賣時的登入次數）之間的相關性。結果發現：當股價上漲時，很多人會頻頻登入帳戶；相對地，當股價下跌時，投資人就不再登入帳戶了。

由此可知，只要是不想聽、不想知道的壞消息，不管消息的資訊內容再怎麼重要，人都很有可能會搗上耳

朵。那麼，究竟該怎麼做，才能讓這些鴕鳥留意自己
應該知道的資訊呢？

最重要的關鍵，莫過於開朗、正向地傳達資訊。建議
各位最好可以添加一些娛樂元素，或加入一些正向的
照片，避免只用文字表達，也可以用漫畫、圖解或影
片的方式呈現。

史丹佛大學心理系的亞歷山大·基內夫斯基 (Alexander
Genevsky)，和同校神經科學研究所的布萊恩·克努森
(Brian Knutson)，就曾研究過在疾病募款的群眾募資
專案當中，說明文字搭配正向照片和搭配負面照片時，
何者能募到較高額的款項。

結果發現：搭配正向照片比較容易募得捐助善款。研
究團隊分析，這是因為人看到正向的照片，就會活化
有「獎勵中樞」之稱的依核 (nucleus accumbens) 所致。

澳洲墨爾本的都會列車公司 (Metro Trains) 在 2012 年
推行過一波預防交通意外的宣導活動，名叫「愚蠢的

死法」(Dumb Ways to Die)，成效極佳。這其實也驗證了上述的論點正確。

這一波宣導活動，是希望能減少民眾因硬闖平交道或擅自闖入鐵軌等「愚蠢的死法」而喪生的案例。就常理來看，這種宣導活動的表達方式很可能流於負面。然而，在墨爾本的這一波宣導當中，鐵路公司將宣導影片打造成一部充滿娛樂元素的素材，片中接連出現許多雷根糖 (jelly beans) 畫風的可愛角色，搭配上輕快的音樂，呈現各種黑暗的死法。

後來這部影片引起了很大的迴響，上線四十八小時就獲得了二百五十萬次的瀏覽，兩週後瀏覽次數更上升到三千萬次，截至 2021 年 11 月，瀏覽次數更是突破了二億二千四百萬次。而在交通意外方面，據報也「確實減少了」。

當你也必須傳達一些大家聽了會想摀起耳朵（但非常重要！）的資訊時，請各位試著想一想：能不能像上述這樣，添加一些開朗的娛樂元素？

膽小貓給軟腳蝦的建議

對軟腳蝦族群來說,「傳達眾人不喜歡的消息」還真是一件吃力的苦差事。不過,碰到這種情況時,墨爾本都會列車公司的這個案例,或許值得各位參考。畢竟傳達負面消息時,開朗、正向的表達方式,可是一大關鍵。例如在宣導地震等防災資訊時,別只是告訴大家「危險」,而是要加入一些開朗、正向的娛樂元素,說不定效果會更好喔!

對談錢議價一竅不通

軟腳蝦案例 45

我很不擅長談報價的事，
一想到就覺得痛苦。
我不想和對方爭執，
但還是想議價……

為「很不擅長議價」的軟腳蝦
獻上一記絕招 ▶▶▶

運用「先出手 & 提零碎數字效應」就能讓對方接受報價內容

Galinsky, A. D., & Mussweiler, T. (2001). First offers as anchors: The role of perspective-taking and negotiator focus. *Journal of Personality and Social Psychology*, 81 (4), 657–669.

Mason, M. F., Lee, A. J., Weley, E. A., & Ames, D. R. (2013). Precise offers are potent anchors: Conciliatory counteroffers and attributions of knowledge in negotiations. *Journal of Experimental Social Psychology*, 49 (4), 759–763.

在報價等議價的場景當中，通常是先提金額的一方較有利。猶他大學的社會心理學家亞當‧賈林斯基 (Adam Galinsky) 等人，就曾以兩人為一組，進行過一項議價的實驗。

兩人當中的其中一人會接到「先出價」的指示，另一人則會接到「先觀望」的指示。結果發現：不論是買方或賣方，最後談判的結果都是對先出價者有利。

例如在一項買賣虛構工廠的實驗當中，若是買方先出價，平均成交金額會是 1,970 美元（約 5.5 萬臺幣）；若是賣方先出價，則平均成交金額會是 2,480 美元（約 6.9 萬臺幣）。

為什麼會出現這麼大的落差？因為在談判時，只要有一方出價，另一方就會把這個價格當作基準。於是雙方就會以這個金額的增減來進行談判，所以才會出現上述這樣的結果。

順帶一提，出價時若能在金額中加入一些零頭，可能

會更有利。包括瑪麗亞‧梅森 (Malia Mason) 博士在內的哥倫比亞大學研究團隊，曾以虛構的中古車交易為對象，研究當金額數字有零頭時，會對議價結果產生什麼影響。在實驗中，買方提出了以下三種期望金額：

① 2,000 美元
② 1,865 美元
③ 2,135 美元

結果，賣方的反應出現了很大的變化。賣方對①的買家提出了多加 23% 以上的金額，對②、③的買家，則提出了多加 10～15% 的金額。換言之，一開始先提有零頭的金額，在議價時比較有利。梅森博士等人推測，應該是因為對方在看到有零頭的數字時，會自動把它想成是「有某些根據的數字」所致。

膽小貓給軟腳蝦的建議

一想到要議價就覺得痛苦的心情，我很能體會。尤其軟腳蝦比較不敢強勢進攻，所以老是有一種「會被占便宜」的感覺。不過，從前面介紹的這幾個研究當中，我們可以發現：要先鼓起勇氣把金額提報出去，後續談判時才會比較有利。提報時還有一個訣竅，那就是金額要有零頭，讓它看起來像是一個有憑有據的數字！這一點也希望大家都能記住。對軟腳蝦族群而言，要搶先提報金額，是一件很需要勇氣的事。如果預算已有額度限制，不妨先提報一個金額，並告訴對方：「這個金額，已經盡了我最大的努力了。能不能拜託幫幫忙，控制在這個金額以內？」如此一來，就比較有機會在不起爭執的情況下，和對方議價喔！

總之就是不想得罪任何人

軟腳蝦案例 46

我是個軟腳蝦的政治人物，
有時難免必須提報一些反對者眾，
還會影響民眾權益的議案。
我該怎麼做，
才能改變支持者的感受呢？

為「盡可能不想得罪任何人」的軟腳蝦
獻上一記絕招 ▶▶▶

運用「套牢未來效應」
就算提案內容將損及自身權益
對方也會願意接受

Rogers, T., & Bazerman, M. H. (2008). Future lock-in: Future implementation increases selection of "should" choices. *Organizational Behavior and Human Decision Processes*, 160 (1), 1–20.

人對於那些馬上就會讓自己吃虧，或者會損及自身權益的明顯改變，總會拿出抵死不從的抗拒態度。這是因為人對於馬上就會發生的事，總會先想到有什麼好處可圖，並對吃虧表示抗拒的緣故。然而，同樣內容的變化，如果是還要稍等一段時日的「未來」才會發生，人就會變得比較寬容——因為人在某種程度上，會以「倫理」、「信條」為基準，去判斷這些未來才會發生的變化，在本質上是否正確。

哈佛大學甘迺迪學院 (Harvard Kennedy School) 的陶德・羅傑斯 (Todd Rogers)，和同校商學院的麥斯・貝澤曼 (Max Bazerman) 教授，把上述這樣的現象稱為「套牢未來」(future lock-in)，並透過實驗驗證了它的效果。在實驗當中，羅傑斯等人向受試者提報了好幾項政策建言，同時也說明了這些政策在執行上的正、反兩面。例如像是以下這樣的內容：

【降低海洋漁業的漁獲量】
負面……魚類價格上揚，民眾減少購買，漁民生計受到衝擊。

正面……保育漁業資源，有助於漁業未來的永續發展。

【調漲油價，以抑制汽油消費量】

負面……旅遊等各項活動的成本增加，對商業發展也有負面影響。

正面……對防止地球暖化有正面影響，更能降低對國外進口資源的依賴。

接著，研究團隊再將每項政策分為「自下個月起實施」和「四年後實施」，並將「贊成」和「不贊成」分為從 (+4) 到 (–4) 的八個等級。各位猜猜結果如何？結果一如預期：不論哪一項政策，凡是從下個月開始實施者，支持率都很低；四年後才上路者，支持度則大幅攀升。

附帶一提，將這個概念套用到「預扣薪資的儲蓄方案」或「定期運動」等個人層級的計劃上來做實驗，結果也是一樣——受試者對於「現在立即執行」感到抗拒，但對兩年後啟動的儲蓄方案，或半年後展開的運動計劃，則有很多人表示願意參加。

膽小貓給軟腳蝦的建議

人類也真是的，該不會是把現在和未來的自己，當作兩個不同的人來看待了吧？ 若想讓民眾同意那些可能影響自身權益的政策，軟腳蝦在向民眾提報時，不妨試著把實施日期設定得遠一點，並以「短期來看的確是有一些吃虧，但長期來看是利多」的角度切入，做正向訴求──也就是透過這樣的方式，套牢民眾的未來。祝你一切順利喔！

結 語

感謝你讀完本書。

各位覺得怎麼樣呢？如果這本書能為個性軟弱的你，帶來一些人生的啟發，那麼我身為作者，將備感榮幸。

「川上先生，您能不能幫我們寫一本談寫作技巧的書，要有學術論文等科學根據佐證。」

去年秋天，編輯Ｉ找我做這個案子，開啟了我撰寫本書的契機。聽到這個企劃的當下，我腦中馬上如電流竄過似地，心想「我很有意願寫！」──因為我在大學時代那段「學術論文魔人」的記憶，又全都被喚醒了。

大學時，我隸屬於比較行為學研究室，研究日本獼猴的生態。想當年，我不僅找出了靈長類的各種田野調查論文，就連當年紅極一時的社會生物學等領域，我

也拚命蒐集相關的論文。那是還沒有網路的時代，我關在圖書館裡，查找各種期刊的過期雜誌，現場沒有的，就向其他圖書館調閱，請館方影印寄來……總之就是非常樸實無華的查找作業。

然而，不知道為什麼，我很喜歡做這些事。我一個人沾沾自喜地蒐集著很多研究生、教授都沒有的論文。當時我蒐集到的論文量，已經多達好幾個紙箱，每個月花在影印上的費用，甚至還超過了我的房租。

大學畢業後，我進入廣告公司當上班族，丟掉了那些紙箱。數十年來，都過著和學術論文無緣的日子。

然而，近幾年來，我開始對「行為經濟學」和「社會心理學」等領域的研究很感興趣——因為我覺得當中有很多真知灼見，都可以應用在我的專業，也就是文案撰寫和行銷等方面。正當我打算好好了解一下最新的研究時，這本書的撰寫委託剛好找上門，來得正是時候。

不過，有一件事情讓我覺得很忐忑：我不是學者專家，很擔心自己是否真能蒐集到最新的論文。所幸在我試著查找一下之後，擔憂便一掃而空。

沒錯，你猜對了！一切都是網路萬歲！

因為對想蒐集學術論文來讀的人而言，比起當年，現在環境方便得簡直像是在作夢。哎呀！讀論文讀得真過癮！感謝那位賜給我閱讀契機的編輯 I。

至於當初那個「有科學根據佐證的寫作技巧」的書籍企劃，在我和 I 一頭熱地幾番你來我往之後，變成了《內向軟腳蝦的超速行銷》。我就先老王賣瓜一下——以結果而言，應該是成就了一本很易讀好懂的書才對。

我們就此告別，期盼他日再會！

川上徹也

參考文獻 (本書正文內容未標明者)

Inside the Nudge Unit: How Small Changes Can Make a Big Difference
大衛・哈爾本 (David Halpern) ／著，English Edition，Kindle 版

Made to Stick: Why Some Ideas Survive and Others Die
奇普・希思 (Chip Heath)、丹・希思 (Dan Heath) ／著，English Edition，1st Edition，Kindle 版

《影響力：說服的六大武器，讓人在不知不覺中受擺佈》
Influence: Science and Practice (3th Edition)
羅伯特・席爾迪尼 (Robert Cialdini) ／著
日文版 社會行為研究會／譯，誠信書房／出版
繁中版 久石文化／出版

《透視影響力──實踐篇：引導出「YES！」的 60 個祕訣》
Yes! 10th Anniversary Edition: 60 Secrets from the Science of Persuasion
諾亞・葛斯坦 (Noah Goldstein)、史帝夫・馬汀 (Steve J. Martin)、羅伯特・席爾迪尼 (Robert Cialdini) ／著
日文版 安藤清志、曾根寬樹／譯，誠信書房／出版

《以小成大：動個小手腳，就能巨幅改變他人行為》
The Small Big: Small Changes That Spark Big Influence
史帝夫・馬汀 (Steve J. Martin)、諾亞・葛斯坦 (Noah Goldstein)、羅伯特・席爾迪尼 (Robert Cialdini)／著
日文版 安藤清志、曾根寬樹／譯，誠信書房／出版
繁中版 高寶／出版

《鋪梗力：影響力教父最新研究與技術，在開口前就說服對方》
Pre-Suasion: A Revolutionary Way to Influence and Persuade
羅伯特・席爾迪尼 (Robert Cialdini)／著
日文版 安藤清志、曾根寬樹／譯，誠信書房／出版
繁中版 時報／出版

《WORK DESIGN：用行為經濟學克服性別不平等》
What Works: Gender Equality by Design
艾里斯・博內特 (Iris Bohnet)／著
日文版 大竹文雄／解說，池村千秋／譯，NTT／出版

《一切都是誘因的問題！：找對人、用對方法、做對事的關鍵思考》
The Why Axis: Hidden Motives and the Undiscovered Economics of Everyday Life
尤里・葛尼奇 (Uri Gneezy)、約翰・李斯特 (John A. List)／著
日文版 望月衛／譯，東洋經濟新報社／出版
繁中版 天下文化／出版

《推出你的影響力：每個人都可以影響別人、改善決策，做人生的選擇設計師》

Nudge: Improving Decisions About Health, Wealth, and Happiness

理查・塞勒 (Richard H. Thaler)、凱斯・桑思坦 (Cass R. Sunstein)／著

日文版 遠藤真美／譯，日經 BP／出版
繁中版 時報／出版

《今天起就能運用的行動經濟學（打通任督二脈！）》
今日から使える行動経済学（スッキリわかる！）

山根承子、黑川博文、佐佐木周作、高阪勇毅／著，Natsume 社／出版

《誰說人是理性的！：消費高手與行銷達人都要懂的行為經濟學》

Predictably Irrational, Revised and Expanded Edition: The Hidden Forces That Shape Our Decisions

丹・艾瑞利 (Dan Ariely)／著

日文版 熊谷淳子／譯，早川記實文庫／出版
繁中版 天下文化／出版

《創意黏力學》

Made to Stick: Why Some Ideas Survive and Others Die

奇普・希思 (Chip Heath)、丹・希思 (Dan Heath)／著

日文版 飯岡美紀／譯，日經 BP／出版
繁中版 大塊文化／出版

《好好拜託：哥倫比亞大學最受歡迎的社會心理課，讓人幫你是優勢，連幫你的人都快樂才是本事！》
Reinforcements: How to Get People to Help You
海蒂・格蘭特 (Heidi Grant)／著
日文版 兒島修／譯，德間書店／出版
繁中版 天下雜誌／出版

《何時要從眾？何時又該特立獨行？：華頓商學院教你運用看不見的影響力，拿捏從眾的最佳時機，做最好的決定》
Invisible Influence: The Hidden Forces that Shape Behavior
約拿・博格 (Jonah Berger)／著
日文版 吉井智津／譯，東洋館出版社／出版
繁中版 時報／出版

《做事輕鬆的人都很懂的正向誘導技術：命令，人會排斥；暗示，人會行動，世界頂尖大學實證，正向誘導，連個性都可以改變。》
人も自分も操れる！暗示大全
內藤誼人／著，subaru 舍／出版
繁中版 大是文化／出版

《心理學家親授　隨心所欲擺佈他人的黑色寫作技巧》
心理学者が教える　思いどおりに人を動かすブラック文章術
內藤誼人／著，ASA／出版

《人的行為，九成都是心理學～隨心所欲操弄人心的「心理學法則」》
人は「心理9割」で動く～思いのままに心を奪う「心理学の法則」
內藤誼人／著，PAL／出版

《人的行為，九成都是聽暗示！》
人は「暗示」で9割動く！
內藤誼人／著，大和／出版

《說服力：從社會心理學的角度切入》（新世圖書館 Life&Society 1）
説得力──社会心理学からのアプローチ（新世ライブラリ Life&Society 1）
今井芳昭／著，新世社／出版

《拜託與說服的心理學：人如何影響他人》（精選社會心理學）
依頼と説得の心理学──人は他者にどう影響を与えるか（セレクション社会心理学）
今井芳昭／著，科學社／出版

國家圖書館出版品預行編目資料

內向軟腳蝦的超速行銷：哈佛、國際頂尖期刊實證，
不見面、不打電話、不必拜託別人，簡單運用行為科
學，只寫一句話也能不著痕跡改變人心／川上徹也
著,張嘉芬譯.——初版一刷.——臺北市: 三民,2022
　　面；　　公分.——(職學堂)
　　譯自:臆病ネコの文章教室: 会話より文章で人を
動かす
　　ISBN 978-957-14-7347-5　(平裝)
　　1. 廣告企劃 2. 廣告寫作

497.2　　　　　　　　　　　　110019430

| 職學堂 |

內向軟腳蝦的超速行銷：

哈佛、國際頂尖期刊實證，不見面、不打電話、不必拜託別人，
簡單運用行為科學，只寫一句話也能不著痕跡改變人心

作　　　者	川上徹也
譯　　　者	張嘉芬
插　　　畫	石川裕紀
責任編輯	翁英傑
美術編輯	許瀞文

發 行 人	劉振強
出 版 者	三民書局股份有限公司
地　　址	臺北市復興北路 386 號 (復北門市) 臺北市重慶南路一段 61 號 (重南門市)
電　　話	(02)25006600
網　　址	三民網路書店 https://www.sanmin.com.tw

出版日期	初版一刷 2022 年 1 月
書籍編號	S541490
I S B N	978-957-14-7347-5

OKUBYOUNEKO NO BUNSHOU KYOUSHITSU
Copyright © 2020 TETSUYA KAWAKAMI
Traditional Chinese Copyright © 2022 by San Min Book Co., Ltd.
Originally published in Japan in 2020 by SB Creative Corp.
Traditional Chinese translation rights arranged with SB Creative Corp. through
AMANN Co., Ltd.
ALL RIGHTS RESERVED

三民書局